과학공화국 지구법정

과학공화국 지구법정 3

날씨

초판 1쇄 발행일 | 2007년 4월 8일
초판 19쇄 발행일 | 2022년 3월 31일

지은이 | 정완상
펴낸이 | 정은영
펴낸곳 | (주)자음과모음

출판등록 | 2001년 11월 28일 제2001-000259호
주소 | 10881 경기도 파주시 회동길 325-20
전화 | 편집부 (02)324-2347, 경영지원부 (02)325-6047
팩스 | 편집부 (02)324-2348, 경영지원부 (02)2648-1311
e-mail | jamoteen@jamobook.com

ISBN 978-89-544-1370-1 (04450)

과학공화국 지구법정

3 날씨

정완상(국립 경상대학교 교수) 지음

|주|자음과모음

생활 속에서 배우는 기상천외한 과학 수업

지구과학과 법정, 이 두 가지는 전혀 어울리지 않은 소재들입니다. 그리고 여러분이 제일 어렵게 느끼는 말들이기도 하지요. 그럼에도 이 책의 제목에는 분명 '지구법정' 이라는 말이 들어 있습니다. 그렇다고 이 책의 내용이 아주 어려울 거라고 생각하지는 마세요.

저는 법률과는 무관한 과학을 공부하는 사람입니다. 하지만 '법정' 이라고 제목을 붙인 데는 이유가 있습니다.

이 책은 우리의 생활 속에서 일어나는 여러 가지 재미있는 사건을 다루고 있습니다. 그리고 과학적인 원리를 이용해 사건들을 차근차근 해결해 나간답니다. 그런데 크고 작은 사건들의 옳고 그름을 판단하기 위한 무대가 필요했습니다. 바로 그 무대로 법정이 생겨나게 되었답니다.

왜 하필 법정이냐고요? 요즘에는 〈솔로몬의 선택〉을 비롯하여 생활 속에서 일어나는 사건들을 법률을 통해 재미있게 풀어 보는 텔레비전 프로그램들이 많습니다. 그런데 그 프로그램들이 재미없다고 느껴지지는 않을 것입니다. 사건에 등장하는 인물들이 우스꽝스럽고, 사건을 해결하는 과정도 흥미진진하기 때문입니다. 〈솔로몬의 선택〉이 법률 상식을 쉽고 재미있게 얘기하듯이, 이 책은 여러분의 지구과학 공부를 쉽고 재미있게 해 줄 것입니다.

여러분은 이 책을 읽고 나서 자신의 달라진 모습에 놀라게 될 것입니다. 과학에 대한 두려움이 싹 가시고, 새로운 문제에 대해 과학적인 호기심을 보이게 될 테니까요. 물론 여러분의 과학 성적도 쑥쑥 올라가겠죠.

끝으로 이 책을 쓰는 데 도움을 준 (주)자음과모음의 강병철 사장님과 모든 식구들에게 감사를 드리며, 스토리 작업에 참여해 주말도 없이 함께 일해 준 조민경, 강지영, 이나리, 김미영, 도시은, 윤소연, 강민영, 황수진, 조민진 양에게도 감사를 드립니다.

진주에서

정완상

목차

어쓰 변호사

프롤로그

지구법정의 탄생

태양계의 세 번째 행성인 지구에 '과학공화국'이라 부르는 나라가 있었다. 이 나라는 과학을 좋아하는 사람이 모여 살고 인근에는 음악을 사랑하는 사람들이 살고 있는 뮤지오 왕국과 미술을 사랑하는 사람들이 사는 아티오 왕국, 그 밖에 공업을 장려하는 공업공화국 등 여러 나라가 있었다.

과학공화국은 다른 나라 사람들보다 과학을 좋아했지만 과학의 범위가 넓어 어떤 사람은 물리나 수학을 좋아하는 반면 또 어떤 사람은 지구과학을 좋아하기도 했다.

특히 다른 모든 과학 중에서 자신들이 살고 있는 행성인 지구의 신비를 벗기는 지구과학은, 과학공화국의 명성에 걸맞지 않게 국민들의 수준이 그리 높은 편은 아니었다. 그리하여 지리공화국의 아이들과 과학공화국의 아이들이 지구에 관한 시험을 치르면 오히려 지리공화국 아이들의 점수가 더 높을 정도였다.

특히 최근 인터넷이 공화국 전역에 퍼지면서 게임에 중독된 과학공화국 아이들의 과학 실력은 기준 이하로 떨어졌다. 그러다 보니 자연스럽게 과학 과외나 학원이 성행하게 되었고 그런 와중에 아이들에게 엉터리 과학을 가르치는 무자격 교사들도 우후죽순 나타나기 시작했다. 지구과학은 지구의 모든 곳에서 만나게 되는데 과학공화국 국민들의 지구과학에 대한 이해가 떨어져 곳곳에서 지구과학과 관련한 문제로 분쟁이 끊이지 않았다. 그리하여 과학공화국 대통령은 장관들과 이 문제를 논의하기 위해 회의를 열었다.

"최근 들어 자주 불거지고 있는 지구과학과 관련한 분쟁을 어떻게 처리하면 좋겠소."

대통령이 힘없이 말을 꺼냈다.

"헌법에 지구과학 부분을 좀 추가하면 어떨까요?"

법무부 장관이 자신 있게 말했다.

"좀 약하지 않을까?"

대통령이 못마땅한 듯이 대답했다.

"그럼 지구과학과 관련된 문제를 다루는 새로운 법정을 만들면 어떨까요?"

지구부 장관이 말했다.

"바로 그거야. 과학공화국답게 그런 법정이 있어야지. 그래…… 지구법정을 만들면 되는 거야. 그리고 그 법정에서 내리는 판례들을 신문에 실으면 사람들이 더는 다투지 않고 자신의 잘못을 인정

할 수 있을 거야."

대통령은 입을 환하게 벌리고 흡족해했다.

"그럼 국회에서 지구과학법을 새로 만들어야 하지 않습니까?"

법무부 장관이 약간 불만족스러운 듯한 표정으로 말했다.

"지구과학은 우리가 사는 지구와 태양계의 주변 행성에서 일어나는 자연 현상입니다. 따라서 누가 관찰하든지 같은 현상에 대해서는 같은 해석이 나오는 것이 지구과학입니다. 그러므로 지구과학 법정에서는 새로운 법이 필요가 없습니다. 혹시 다른 은하에 대한 재판이라면 모를까……."

지구부 장관이 법무부 장관의 말을 반박했다.

"그래 맞아."

대통령은 지구법정을 만들기로 벌써 결정한 것 같았다. 이렇게 해서 과학공화국에는 지구과학과 관련된 문제를 판결하는 지구법정이 만들어졌다. 초대 지구법정 판사는 지구과학에 대한 책을 많이 쓴 지구짱 박사가 맡게 되었다. 그리고 두 명의 변호사를 선발했는데 한 사람은 지구과학과를 졸업했지만 지구과학에 대해 그리 깊이 알지 못하는 '지치' 라는 이름의 40대 변호사였고, 다른 한 변호사는 어릴 때부터 지구과학 경시대회에서 항상 대상을 받은 지구과학 천재, '어쓰' 였다. 이렇게 해서 과학공화국 사람들 사이에서 벌어지는 지구과학과 관련된 많은 사건들이 지구법정의 판결을 통해 깨끗하게 마무리될 수 있었다.

제1장

고층 건물과 바람

태풍이 불면 아파트도 흔들릴까요?

과학공화국의 하이 건설 회사는 최근 여러 가지 홍보 활동을 벌인 덕분에 많은 건물의 시공을 부탁받게 되었다. 하이 건설 회사가 올해 내세운 시공 전략은 '튼튼함' 이었다.

"여러분들의 건물을 튼튼하게 짓겠습니다. 안전 우선 주의 하이 건설 회사입니다."

여기저기서 하이 건설 회사의 홍보 문구가 적힌 플래카드를 볼 수 있었다. 예전에 사 두었던 땅값이 엄청나게 뛴 덕에 많은 돈을 벌게 된 김부자 씨는 우연히 길을 지나가다 하이 건설 회사의 홍보 문구가 적힌 플래카드를 보았다. 김부자 씨는 땅을 어떻게 활용할까 고민하던 찰나, 그 땅에 아파트를 지어 분양을 하면 지금보다 더 많은 돈을 벌 수 있겠구나 생각했다. 김부자 씨는 하이 건설 회사를 찾아갔다.

"아파트를 지으려고 하는데, 하이 건설 회사가 튼튼하게 잘 좀 지어 주셨으면 좋겠네요."

"우리 회사는 문제없습니다. 그런데 몇 층짜리 아파트를 지으시려고요?"

"40층짜리 아파트를 짓고 싶은데, 너무 높아서 위험한 건 아닌가요?"

"우리 하이 건설 회사는 문제없습니다. 바람이 불어도 흔들리지 않는, 아주 튼튼한 아파트를 만들어 놓지요."

김부자 씨는 하이 건설 회사 측의 '흔들리지 않는 튼튼한 아파트'라는 말에 안심이 되었다. 그렇게 1년이 흐르자 40층의 높고 웅장한 아파트가 완성되었다. 무언가 고풍스럽기도 하고 현대적이기도 한 궁전 같은 느낌의 아파트였다. 김부자 씨는 자신의 아파트가 무척이나 맘에 들었다.

김부자 씨는 아파트 사진들을 찍고, 신문에다 전면적으로 아파트를 홍보하기 시작했다. 튼튼함과 아름다움을 강조한 아파트라는 입소문이 퍼지자, 많은 사람들이 아파트를 분양받으려고 김부자 씨를 찾아왔다. 아파트는 분양 신청을 받은 지 일주일도 지나지 않아 분양이 완료되었고, 김부자 씨는 기쁜 마음을 감출 수 없었다.

그런데 분양이 끝난 바로 다음 날이었다. 유난히 비바람이 많이 부는 날이었다. 점점 비바람이 심해지더니 뉴스에서는 14호 태풍인 매미가 올라오고 있다는 소식을 전했다. 김부자 씨는 아파트를 둘러보러 가려던 걸음을 멈출 수밖에 없었다.

"바람이 제법 부네. 나무들도 잎사귀가 다 떨어지고, 아코. 이번 태풍도 피해가 크겠구먼. 그래도 우리 아파트는 걱정 없지. 어떤 바람에도 조금의 흔들림도 없이 튼튼하게 지어졌으니."

창밖을 바라보며 걱정과 안심을 반복하던 김부자 씨에게 청천벽력 같은 전화가 걸려온 것은 바로 그때였다.

"따르르릉 따르르르릉"

"여보세요?"

"김부자 씨세요? 이거 어떻게 말씀드려야 할지 모르겠는데, 김부자 씨의 아파트가 태풍 때문에 무너졌어요."

"뭐라고요?"

그는 깜짝 놀랐다. 분명 튼튼하게 지었다고 그렇게 확답을 받았건만. 하늘이 무너지는 것만 같았다. 분양받은 사람들이 아직 입주하지 않았기에 망정이지, 누구 하나 아파트에 들어왔더라면 큰 사고가 날 뻔했던 것이다. 그는 허겁지겁 아파트 현장으로 뛰어갔다. 그런데 이게 웬일인가? 옆에 있는 다른 고층 빌딩들은 모두 다 무사했다. 붕괴된 것은 오로지 자신의 아파트뿐이었다.

"어떻게 내 아파트만, 내 아파트만 무너질 수 있지. 그렇다면 분명 하이 건설 회사에서 우리 아파트를 튼튼하게 짓지 않았기 때문이야. 이런 나쁜 녀석들. 바람에도 흔들리지 않는다고 하더니, 아예 무너지도록 허술하게 공사해 놓고. 내가 어디 가만둘 줄 알아?"

화가 난 김부자 씨는 하이 건설 회사를 지구법정에 고소했다.

바람에 흔들리는 갈대가 부러지지 않는 것처럼
고층 건물의 위층도 바람에 흔들리게 설계해야 합니다.

김부자 씨가 사는 아파트는 왜 무너졌을까요?

지구법정에서 알아봅시다.

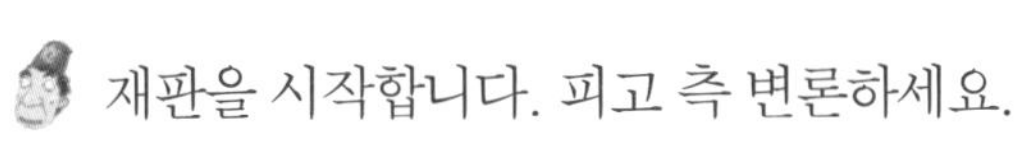

재판을 시작합니다. 피고 측 변론하세요.

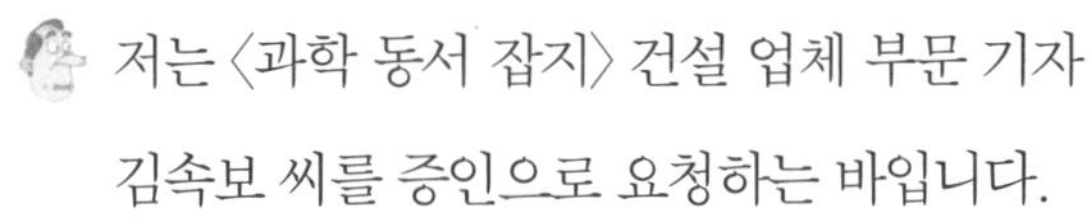

저는 〈과학 동서 잡지〉 건설 업체 부문 기자 김속보 씨를 증인으로 요청하는 바입니다.

파란 모자를 푹 눌러쓰고 반바지에 흰 면 티셔츠를 걸친 20대 후반의 남자가 방금 잠에서 깬 듯 하품을 하며 증인석에 앉았다.

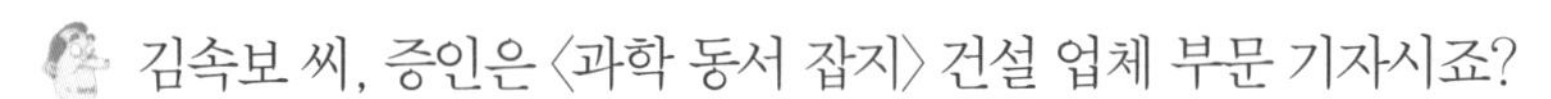

김속보 씨, 증인은 〈과학 동서 잡지〉 건설 업체 부문 기자시죠?

네, 그렇습니다. 잡지에서 건설 쪽은 피곤하고 먼지가 많이 나서 다들 취재를 맡지 않으려고 하지요. 그래서 제가 밀려서 맡게 된 파트지요.

으흠. 지난번 잡지에서 봤더니, 하이 건설 회사의 김부자 씨 아파트 건설에 대해 직접 글을 썼던데요.

네, 그랬지요. 제가 하이 건설 회사를 찾아갔더니, 최근 하고 있는 작업이라고 하더군요.

그럼, 하이 건설 회사가 지은 건물은 어떠했나요?

바람에도 흔들림 없는 튼튼한 건물이었지요. 신기하던걸요. 그렇게 높은 건물이 그토록 견고하게 지어질 수 있다는 것이 말이죠.

튼튼한 건물이라는 건 어떻게 알 수 있죠?

그 안에 넣는 철골이나 자재들을 보면 알 수 있죠.

판사님, 현재 증인은 분명 직접 아파트를 건설하는 현장을 보고 왔습니다. 분명 시공 회사 측에서는 튼튼하게 건설을 했다고 제삼자의 입장에서 얘기하고 있는 겁니다.

좋습니다. 원고 측 변론하세요.

과학공화국 건설 지부장이신 강건 씨를 증인으로 요청합니다.

50대가 갓 넘은 듯 희끗희끗한 흰머리가 보이는 한 남자가 증인석에 앉았다.

강건 씨, 과학공화국에서 일어나는 큰 건설 업무는 증인의 허락 하에 이루어진다고 들었는데요.

암요. 저의 도장이 찍히지 않고서는 건물을 설립할 수 없지요. 저의 도장은 백만 불짜리 도장. 하하. 뭐, 제가 그 정도지요. 하하.

그러시군요. 그렇다면 이번 태풍 매미로 인하여 40층짜리 건

물이 붕괴된 이야기도 당연히 알고 계시겠군요.

물론입니다. 그렇게 하면 안 되는데 괜히 욕심을 부려가지고.

그게 무슨 말씀이신지?

실은 아파트가 무너질 걸 저는 알고 있었습니다.

예?

그 어떤 충격에도 흔들리지 않게 건물을 설계했으니 무너질 수밖에요.

아니, 충격에 흔들리지 않게 건설을 했는데, 왜 무너진단 말씀이세요?

그거야, 당연합니다. 고층 건물은 태풍이나 지진 등에 잘 견디게 적당히 흔들리게 만들어야 한단 말입니다. 그런데 좀체 흔들리지 않으니 바람이 심하게 불면 무너질 수밖에요.

오호.

그래서 제가 설립 허가 도장을 찍을 때, 40층짜리 건물이니 약 50센티미터 폭으로 흔들려야 안전할 거라고 그렇게 말하고 또 말했는데.

음. 그런데 제가 이제껏 여러 높은 건물들을 봤는데, 그렇게 흔들리는 건물은 보지 못했는데요?

밖에서 봐서는 흔들리는 게 보이지 않습니다. 그러나 미세하게 흔들리고 있지요. 심지어 안에 있는 사람도 느끼지 못하니까요.

왜 흔들리게 만드는 거죠?

갈대와 강철을 보세요. 갈대가 태풍에 부러집니까?

아니죠.

바로 그 원리입니다. 갈대처럼 바람에 따라 흔들리면 어떠한 강한 바람도 갈대를 부러뜨릴 수 없습니다. 오히려 강철로 만든 막대기가 강풍에 부러지기 쉽지요. 고층 건물도 너무 강철처럼 지으면 강풍이나 지진에 의해 붕괴될 위험성이 있습니다. 그래서 어느 정도 갈대처럼 흔들거리게 하는 것이지요.

아, 그렇군요. 판사님, 제가 봤을 때 하이 건설 회사는 너무 튼튼한 건물을 만들고 싶다는 의욕만 앞서서, 과학적 원리를 제대로 알지 못하고 건물을 시공한 것 같습니다. 그런고로 이번에 김부자 씨의 아파트가 무너진 것은 전적으로 하이 건설 회사의 책임입니다.

그럼 판결합니다. 강철은 단단하지만 잘 부러지고 갈대는 연약하지만 센 바람에도 견뎌 낼 수 있습니다. 고층 건물에도 이 비유가 적용되지요. 따라서 이번 사건은 하이 건설의 시공에 문제가 있었다고 판결합니다.

지구를 살리는 태풍

태풍도 좋은 역할을 할까요?

과학공화국에는 기상 특보가 내려진 상태다. 사람들이 집 밖에 나가는 것을 자제하고, 창문을 꼭꼭 닫고 지내고 있다. 그 이유는 다른 해보다 유독 심하게 휘몰아치는 태풍 때문이다. 보통 때의 태풍은 그저 우산이 뒤집히는 정도였지만, 올해의 태풍은 창문이 깨지고 나무가 부러지는 등 심한 바람을 동반한 태풍이라 사람들은 벌써부터 정신이 혼미해진 상태다.

동부의 센트럴 시티를 중심으로 여러 도시에서는 태풍으로 집과 논을 잃었다는 소식이 벌써부터 전해지고 있다. 폭우로 인하여 집이 물에 잠긴 것은 물론이거니와 백여 명이 넘는 부상자가 속출하였다. 뉴스에서는 연일 태풍의 심각성을 보도했으며, 태풍으로 인하여 과학공화국 전반의 분위기가 흉흉해지고 있었다.

이런 틈을 노려 어김없이 사이비 교주 한 명이 나타났다. 이름 하여 비그쵸. 비그쵸 교주는 사람들이 심리적으로 불안해하는 것을 이용하여 새로운 종교를 만들고자 했던 것이다.

"여러분, 저를 믿으십시오. 저는 비그쵸 교주입니다. 태풍 따위에 흔들려서는 안 됩니다. 저를 믿으면 태풍이 없는 아름다운 세상을 만들어 드리겠습니다."

비그쵸 교주의 감언이설에 넘어간 사람들은 불안한 마음을 그 쪽에 점점 기대기 시작했다.

"엄마, 태풍이 너무 많이 불어서 학원 마치고 집에 못 가겠어. 어떡해. 엉엉."

공중전화에 대고 일곱 살짜리 어린아이가 태풍에 겁을 먹고 울어대기 시작하자, 어디서 나타났는지 비그쵸 교주가 전화를 이어 받았다.

"저를 믿으십시오. 비그쵸 교주는 거짓말을 하지 않습니다. 태풍 없는 세상을 제가 만들어드리죠. 그리고 이 착한 꼬마 친구는 제가 차로 직접 데려다드리겠습니다."

비그쵸 교주는 태풍 때문에 마음이 약해진 사람들만을 노려 자연스럽게 자신이 만들어 낸 교리에 빠지게끔 하였다.

"여러분, 태풍은 지구에게는 최대의 적입니다. 태풍이 없다면 지구는 정말 살기 좋은 곳이 되겠지요. 우리 종교의 날씨 신을 믿으십시오. 비그쵸 교주는 거짓말을 하지 않습니다. 날씨 신을 전 국민이 믿는 순간 여러분들은 태풍 없는 행복한 세상에서 살 수 있을 겁니다."

비그쵸 교주의 끊임없는 선교 활동으로 인하여 처음엔 백 명이 조금 넘던 신도 수가 이제 거의 십만 명이 넘을 정도였다.

정부에서는 이 사실을 가만히 지켜보고만 있을 수는 없었다. 그래서 특별히 과학공화국의 기상 박사인 최해달 박사에게 사이비 종교의 확장을 막을 수 있도록 과학적으로 그 종교가 사이비임을 증명해 달라고 부탁하였다.

최해달 박사는 한 달여의 연구 기간을 거쳐 마침내 비그쵸 교주의 논지를 반박하며, 그가 엉터리 기상 상식으로 국민을 기만한다며 지구법정에 고소하기에 이르렀다.

태풍은 적도 부근의 대기 속에 축적된 에너지를 중위도 지방으로 옮겨 와
지구의 남쪽과 북쪽의 온도차가 너무 벌어지지 않도록 조절합니다.
만약 태풍을 인공적으로 조절해 없앤다면 남북의 온도차가 너무 커져
이상기온이 발생하고 지구 생태계가 급격히 변화할 것입니다.

여기는 지구법정

태풍은 과연 지구의 적일까요?

지구법정에서 알아봅시다.

태풍이 이렇게 몰아치는데도 법정까지 와 주신 변호사 분들과 배심원 분들께 진심으로 감사의 말씀을 전합니다. 그럼 재판을 시작하겠습니다.

판사님, 제가 먼저 변론하도록 하겠습니다.

그러시지요.

판사님은 종교를 믿으십니까?

종교요? 나를 취조하는 거요?

아닙니다. 그냥 물어보는 겁니다. 종교를 믿으십니까?

나는 불교를 믿지요.

음. 그럼 판사님은 부처님이 무언가 해 주시리라 믿고 부처님을 믿고 계시는 거지요?

그…… 게…… 무슨 말도 안 되는 소리요. 부처님이 나에게 무언가를 해 주다니요?

그럼, 판사님은 부처님 오신 날 절에도 안 가신단 말입니까?

가기야 가지요.

그럼 절에서 밥을 얻어먹으시지요.

그야 그렇지요.

부처님 오신 날 절에 가는 사람들은 다 불교 신자들일까요?

그거야 아니지요.

제 말이 그겁니다. 절에서 공짜 밥을 주니 불교를 믿지 않는 사람들이라도 절에 가 본단 말입니다. 그렇게 해서 불교의 교리인 베풂의 진리를 보여주는 거지요.

그런데 지치 변호사, 그게 이 사건과 관련이 있습니까?

있지요. 있고말고요. 사람들이 왜 날씨교를 믿겠습니까? 날씨교가 무언가 해 줄 거라고 믿는 것이지요. 무엇을 믿느냐? 바로 태풍을 멈추게 해 줄 거란 말입니다. 그 날씨교를 전파하기 위해서 비그쵸 교주는 연설을 통해 사람들을 설득하고 있습니다. 그런데 그게 사이비라니요? 대체 어떤 점이요?

말도 안 되는 소립니다. 과학적으로 증명되지도 않은 것을 가지고 마치 진짜인 것처럼 말하고 다니니 그게 바로 사이비지요.

어허, 어쓰 변호사. 아직 제 말이 끝나지 않았거든요.

태풍은 여름철에만 생기나요?

결론부터 말하면 꼭 그렇지는 않습니다. 하지만 태풍이 발생하기 위해서는 북반구의 바닷물이 충분히 가열되어야 합니다. 즉 여름철 태양의 평균 고도가 가장 높은 지점이 북위 20도 정도일 때 북반구의 바닷물이 충분히 가열될 수 있습니다. 그렇지만 겨울에는 태양의 평균 고도가 가장 높은 지역이 남위 20도 정도로 북반구의 바닷물이 충분히 가열되지 못하기 때문에 태풍이 발생하기 힘든 것입니다.

아, 죄송합니다. 듣자 하니 흥분이 되는 바람에. 그럼 계속 하시지요.

그래서 제 말은, 날씨교뿐만 아니라 비그쵸 교주님께는 아무 잘못이 없다는 것입니다. (일동 침묵)

그게 답니까? 설마, 그 한마디 하려고 지금까지 장황하게 이야기했던 겁니까?

네.

허허. 그래요, 그래. 그럼 이제 어쓰 변호사가 변론해 보시오.

결론부터 말씀드리자면, 날씨교와 비그쵸 교주는 당연히 사이비입니다.

그렇게 어처구니없는 결론이 어디 있소. 당신이 종교를 알아?

제가 주장하고 싶은 바는 비그쵸 교주가 사람들에게 헛된 기대를 심어 주고 있다는 것입니다. 태풍은 사람이 막을 수 있는 것이 아닙니다. 특정 종교를 믿는다고 해서 믿음의 힘으로 없앨 수 있는 게 아니란 말입니다.

지금 당신이 태풍의 '태' 라도 알고 하는 말인지 모르겠네요.

제가 태풍을 모를 리가 있겠습니까. 태풍이 왜 생기는가 하면, 적도 부근 남태평양의 바다가 열을 받아 뜨거워집니다. 그럼 그 위의 공기가 더워져서 위로 올라가겠지요. 그러면 그 부분이 저기압이 되어 수증기를 머금은 공기들이 '야, 빈 곳이다' 하며 갑자기 몰려들어 만들어지는 것이 바로 열대성 저기압이죠. 그것들이 서로 뭉쳐서 위로 올라가는 것이 태풍입니다.

뭐, 공부 좀 하셨나 보네요. 제법인데요. 하지만 태풍처럼 쓸데없는 것은 당연히 없어져야지요.

태풍이 쓸데없다고요? 물론 우리에게 지금 심각한 피해를 주고 있긴 하지만, 태풍은 없어서는 안 되지요. 태풍은 지구에서 열을 재분배하는 아주 중요한 역할을 하고 있답니다. 즉 적도 지방의 열을 중위도 지방으로 보내는 역할을 하고 있습니다.

적도니 중위도니 하는데 그게 무슨 말이요?

정말 무식하군요. 지구에 살면서 그런 용어도 모르다니. 지구는 공 모양입니다. 북극과 남극의 딱 중간이 되는 원은 지구를 에워싸는 가장 큰 원이 됩니다. 마치 수박을 반으로 자르는 것처럼 말이죠. 이 커다란 중앙의 원을 적도라고 합니다. 적도는 태양빛이 거의 수직으로 내리쬐는 곳이라 일 년 내내 무더운 지역이지요. 적도의 위는 북반구, 아래는 남반구라고 하지요.

그럼 중위도는 뭐요?

적도부터 시작해서 북극까지를 0부터 90까지의 숫자로 나타내는데 그 숫자가 바로 위도입니다. 그러니까 위도의 값이 높은 지역을 고위도 지방이라고 하고 위도의 값이 중간 정도인 지역을 중위도 지방이라고 부르지요. 즉 위도가 커지면 적도에서 멀어지니까 점점 추워지지요.

뭐. 그렇담, 쬐금 필요할 것 같기도 하네요.

이제 제가 지치 변호사에게 궁금한 것이 하나 있는데, 대체 어떤 근거로 날씨교주는 태풍을 없앨 수 있다고 주장하는 거지요? 그게 과학적 근거가 있어서 지치 변호사는 지금 변호하시는 겁니까?

그게 아니라…… 종교는 믿음입니다. 과학이 아니라.

그럼 지치 변호사도 날씨교도이신가요?

물론 그건 아니지만.

그럼 비그쵸 교주님을 믿고 따라가 볼 생각은 있으시고요?

그거야, 물론. 그렇게 쉽지는 않겠지만…….

판사님, 그 어떠한 과학적 근거도 없이, 오로지 사람들이 태풍에 대해 지니고 있는 불안함을 이용하여 종교라는 이름으로 사람들을 선동하려는 것은 분명 큰 잘못이라고 생각합니다. 판사님의 정확한 판단을 요구하는 바입니다.

어쓰 변호사의 의견에 전적으로 동의합니다. 개똥도 약에 쓰

태풍의 이름은 누가 짓나요?

아시아태풍위원회에서는 2000년부터 아시아 국민들의 태풍에 대한 관심을 높이기 위해 각 국가별로 열 개의 이름을 제출하게 해 순서대로 적용하고 있습니다. 태풍의 이름은 총 140개로 140개를 모두 사용하고 나면 다시 1번부터 사용합니다.
우리나라에서 제출한 태풍의 이름은 개미, 나리, 장미, 수달, 노루, 제비, 너구리, 고니, 메기, 나비입니다.

려면 없다고 하는 속담처럼, 만일 태풍이 없으면 지구는 열의 재분배가 이루어지지 않아 적도 지방의 바다는 계속 뜨거워지고 고위도 지방은 계속 추워지는 양극화가 일어날 것입니다. 따라서 지구 전체를 놓고 볼 때는 태풍을 '적'으로 볼 수는 없는 것이 본 판사의 의견입니다.

태풍의 위험반원

태풍이 올라올 때 태풍의 어느 쪽이 더 위험할까요?

나몰라 씨는 처음으로 해양 재난 대책반에 들어간 따끈따끈한 신참이다. 해양 재난 대책반은 웬만한 남자들의 로망이었다. 해양 재난 대책반원은 멋진 검은색 정찰복, 각이 잡힌 모자, 종아리까지 오는 멋진 검은색 부츠까지, 머리부터 발끝까지 쫙 빼입고 나면 절로 입이 쩍 벌어지는 멋진 모습이었다. 아무리 못생긴 옥동자라도 해양 재난 대책반이 되어 그 정찰복을 입었다 하면, 모두들 뒤를 쫓아온다는 바로 그 해양 재난 대책반인 것이다. 물론 옥동자가 모자를 벗기만 하면 사람들이 놀라서 도망가긴 하지만, 정찰복을 제대로 갖춰 입고 있을 땐 강동원도 부럽지 않았다.

나몰라 씨 역시 해양 재난 대책반에 들어가기 위해 끊임없이 노력하였다. 특히 그가 가고 싶어 했던 파트는 해양 구조대였다. 그곳에 가서 멋진 여성의 수영복 입은 모습도 구경하고, 행여나 구조가 필요한 여성이 있다면 자신이 구해 내서 인공호흡도 끝내주게 할 자신이 있었다. 게다가 제복을 입은 자신의 멋진 모습을 여성들에게 보여 주고 싶기도 했다.

나몰라 씨는 해양 재난 대책반에서도 자신이 무슨 파트에 속하는지 꼼꼼히 살펴보았다.

"내 이름이, 나 씨니까…… 나가라, 나디아, 나루터, 나맘마, 아, 여기 나몰라. 근데 내 파트가…… 맙소사. 하필……."

나몰라 씨는 자신이 무슨 파트인지 보고 무척이나 상심했다. 멋진 정찰복을 입고도 등대에서 꼼작할 수 없다는 태풍 피해 안내 파트에 배정된 것이었다. 게다가 거기서는 좀체 여자를 만날 수 없었다. 정찰복을 입으나 마나 한 곳이, 바로 그곳. 등대에서 태풍 피해 안내를 하는 파트였던 것이다.

나몰라 씨는 힘이 쭈욱 빠져 버렸다. 게다가 선배들은 제일 무섭기로 소문난 곳이었다. 그렇게 나몰라 씨의 풍선같이 들떠 있던 마음은 슈욱 바람이 빠져 버리고 첫 출근이 시작되었다.

나몰라 씨는 정찰복도 대충 입은 채 등대 꼭대기에 앉아 있었다. 교신이 들어오면 안내하고 태풍 북상에 대해 이야기만 해 주면 되는 간단한 업무였다.

"지이직. 나몰라 요원, 나몰라 요원. 요원, 태풍이 북상하여 오른쪽으로 이동 중이니 배들을 안전한 곳으로 운행하게끔 안내하게."

"네. 명령대로 시행하겠습니다."

나몰라 씨는 힘없는 목소리로 대답했다. 그러고는 배들을 향해 안내 방송 스위치를 올렸다.

"지지직 -"

연결되는 동안 나몰라 씨는 생각에 잠겼다.

"아참, 그럼 대체 어디로 운행하라고 해야 하는 거지? 인공호흡이나 이런 건 자신 있는데, 태풍 쪽은 영 꽝인데."

그렇게 골똘히 생각하고 있는데 배들에게 연결 신호가 잡혔다는 알림 벨이 울리기 시작했다.

"아, 여러분, 수고가 많으십니다. 태풍이 위로 올라오고 있습니다. 그러니…… 음…… 오른쪽으로 피해 올라가십시오. 이상."

나몰라 씨는 그렇게 자신의 안내를 마치고, 마음 편히 잠자리에 들 수 있었다. 그러나 등대로 날아온 조간 신문 한 장.

'누구의 잘못인가? 20여 척의 배 태풍에 난파'

조간 신문을 본 나몰라 씨는 나자빠질 뻔했다. 이게 무슨 말인가? 게다가 사건이 일어난 배들은 몽땅 다 자신이 신호를 보내 준 배들이 아닌가?

등대로 전화가 계속 걸려 왔다. 흥분한 해운 회사 측 사장이었다.

"지금 당신! 뭐 하는 짓이야! 해양 재난 대책반 맞아? 당신 낙하산이지? 어떻게 배들을 엉뚱한 곳으로 가라고 신호를 보낼 수가 있어?"

나몰라 씨는 어찌해야 할지 몰랐다. 해운 회사 측 사장은 해양 재난 대책반뿐만 아니라 나몰라 씨를 고소하겠다고 버럭 소리를 지른 채 전화를 끊어 버렸다.

그렇게 나몰라 씨는 멋진 정찰복을 입은 지 만 하루 만에 다시 정찰복을 벗고, 지구법정에 서게 되었다.

위험반원이란 태풍의 중심을 기점으로 원을 그렸을 때
태풍 진행 방향의 오른쪽 반원을 뜻합니다.

태풍이 올라올 때 태풍의 어느 쪽이 더 위험할까요?

지구법정에서 알아봅시다.

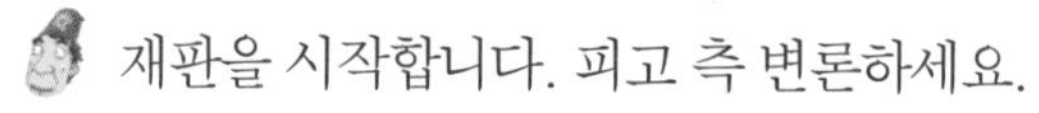

재판을 시작합니다. 피고 측 변론하세요.

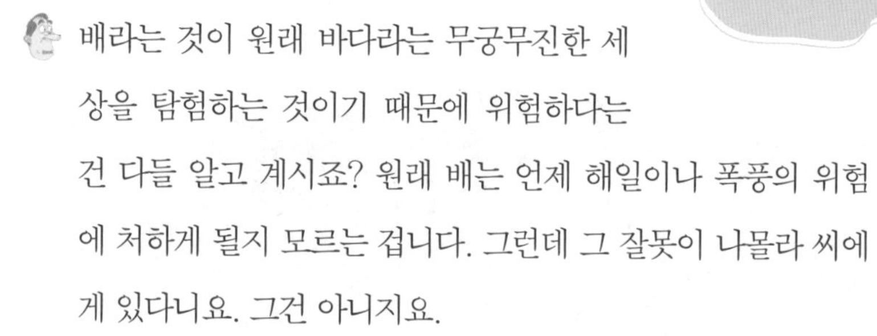

배라는 것이 원래 바다라는 무궁무진한 세상을 탐험하는 것이기 때문에 위험하다는 건 다들 알고 계시죠? 원래 배는 언제 해일이나 폭풍의 위험에 처하게 될지 모르는 겁니다. 그런데 그 잘못이 나몰라 씨에게 있다니요. 그건 아니지요.

지금 발뺌하는 겁니까?

아니, 지금 저를 어떻게 보고 그런 말씀을 하십니까? 아닙니다. 발뺌이라니요. 안 그렇습니까? 솔직히 말이야 바른 말이지, 태풍이 올라올지도 모른다는 걸 알면서 배를 출항시킨 것 자체가 잘못 아닙니까? 저라면 절대 그렇게 안 합니다. 저에게 배가 있다면 말입니다…….

으흠. 논점에서 벗어나는 말들이 오가는 것 같군요.

아, 네 그러니까 제 말은 나몰라 씨가 오른쪽으로 피하라고 했든, 왼쪽으로 피하라고 했든 그건 큰 문제가 되지 않았을 거란 말입니다. 태풍이 장난입니까? 왼쪽으로 피하면 살고, 오른쪽으로 피하면 모두 난파되게.

으흠.

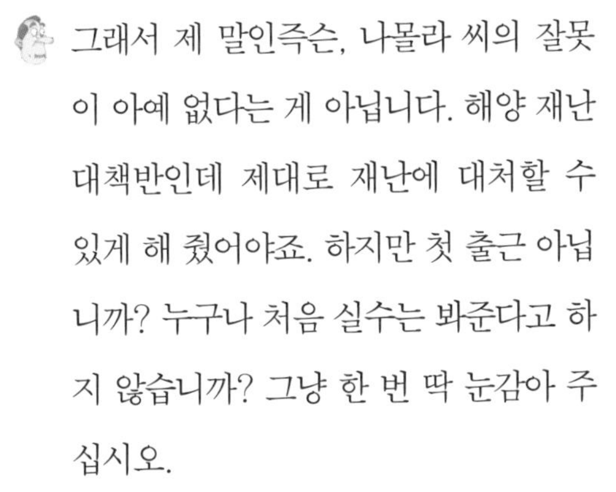

그래서 제 말인즉슨, 나몰라 씨의 잘못이 아예 없다는 게 아닙니다. 해양 재난 대책반인데 제대로 재난에 대처할 수 있게 해 줬어야죠. 하지만 첫 출근 아닙니까? 누구나 처음 실수는 봐준다고 하지 않습니까? 그냥 한 번 딱 눈감아 주십시오.

태풍의 크기

태풍의 크기는 초속 15m 이상의 강풍이 미치는 범위를 뜻합니다. 일반적으로 소형 태풍의 크기는 반지름이 300km, 중형은 300~500km, 대형은 500~800km, 초대형은 800km 이상의 지역에 걸쳐 있습니다.

음. 피고 측의 의견은 잘 알겠습니다. 그럼, 원고 측 변론하십시오.

아무래도 이번 사건은 태풍에 대해 과학적으로 접근할 수 있는 사람이 필요하다 싶어 증인을 요청하는 바입니다. 태풍에 대해 40년간 연구를 하고 계신 장마비 교수를 증인으로 요청하는 바입니다.

환갑이 다 되어 보이는 어떤 할아버지가 걸어 나왔다. 천천히, 천천히, 너무 천천히 걸어와서 보는 이들 역시 숨이 턱턱 막힐 것만 같았다. 그렇게 5분이 넘어서야 장마비 교수는 증인석에 앉을 수 있었다.

장마비 교수님, 교수님은 태풍에 대해 오래 연구해 오셨다고요?

아…… 예…… 아무래도…… 하안…… 40년이든가…… 42년째인가…… 뭐…… 여하튼…….

네, 잘 알겠습니다. 그러니까 지금 나몰라 씨의 잘못된 안내 방송이 얼마나 큰 재앙을 불러일으켰는지를 알아보고자 하는데요.

아…… 안 그래도…… 듣긴…… 들었습니다만…… 잘못이지요…… 잘못…….

음, 그러니까 나몰라 씨는 오른쪽으로 피하라고 했는데, 만약 왼쪽으로 배를 운행하라고 얘기했더라면, 이렇게 20여 척이 넘는 배들이 난파되는 일은 없었을까요?

물론이지요…… 우리 과학공화국은…… 휴우…… 북반구에 있는 나라입니다……. 아코…… 그니까 태풍은 적도에서 생기는데…… 그니까 그 바람은 북반구에선…… 오른쪽으로…… 그리고 남반구……에서는…… 왼…… 쪽으로 휘어지지요…….

저 말씀을 조금만 더 빨리 해 주시면, 안 될까요? 제가 좀 답

위험반원과 가항반원

위험반원에서는 태풍의 진행 방향과 내부의 바람 방향이 오른쪽으로 일치해 강력한 바람이 발생하지만 가항반원에서는 폭풍으로 소용돌이치는 바람과 폭풍 전체의 이동에 따른 공기의 움직임이 상쇄되어 비교적 바람이 약합니다.

답해서.

몸이…… 아…… 그니까…….

아, 아닙니다. 그냥 계속 하던 대로 해 주십시오.

그니까…… 어디까지…… 얘기를 했었냐 하면…… 그니까…… 아차차차…… 그니까 북반구에서 태풍이 가는…… 방향에서……오른쪽은…… 태풍의 바람과 부딪히는…… 바람이 점점…… 강해지지요……. 그니까 그 부분을…… 휴우…… 위험반원이라고…… 부르지요.

그러니까 북반구에서는 태풍의 바람과 부딪치는 오른쪽이 위험반원이란 말씀이시군요. 그럼 반대로 왼쪽 부분으로 항해하면 태풍의 눈에서 점점 멀어지니까 안전했겠군요.

위험반원과 가항반원

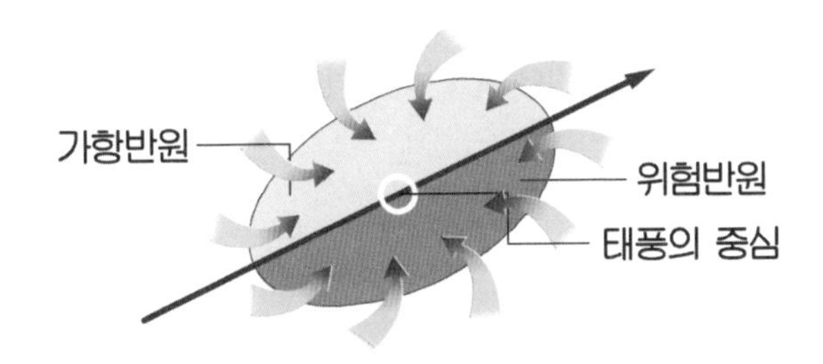

그렇지요…… 그런 안전한 지역을…… 가항반원. 그러니까…… 항해가 안전한 지역인…… 가항반원…… 이라

고…… 부르지요…….

휴, 교수님 말씀 듣느라고 힘들었네요. 교수님도 말씀하시느라 힘드셨죠?

아…… 그게…… 뭐…….

여하튼 감사합니다. 몸도 안 좋으신데 몸소 여기까지 와서 증언도 해 주시고.

아…… 나야…… 뭐…….

그럼 조심히 가십시오.

으흠. 증인의 이야기를 듣는 것이 조금 힘들기는 했지만, 어쓰 변호사의 변론 잘 들었소. 그럼 판결하겠소. 태풍이 올 때 배들의 대피를 책임져야 할 해양 재난 대책반에서 태풍의 위험 반원과 가항반원조차 모른다는 것은 엄청난 잘못입니다. 그러므로 나몰라 씨에게 태풍에 대한 교육을 제대로 시키지 않은 대책반에 일차적인 책임이 있고, 또 태풍에 대해 조금도 공부하지 않은 나몰라 씨에게도 책임이 있다고 판결합니다.

고기압과 저기압의 바람 세기

고기압과 저기압 중 어느 바람이 더 셀까요?

스마트 초등학교에는 유난히 똑똑한 아이들이 많았다. 아이들은 대부분 학원을 세 개는 기본으로 다니고 있었으며, 부모들이 아이들에게 거는 기대 역시 모두 높았다.

"야, 우리 아빠가 나 이번 기말고사에서 올백 맞으면 컴퓨터 사 준댔다."

"야, 우리 아빠는 이번에 수학 100점 맞기만 하면 무선 자동차 사 준댔어."

스마트 초등학교에는 공부 좀 한다 하는 아이들이 모두 모여 있었다.

그중에 늘 첫째 줄에 앉아서 선생님을 초롱초롱한 눈으로 쳐다보는 아이가 있었다. 그 아이의 이름은 진지. 괄괄한 성격에 워낙 남자 같은 털털함 때문에 남자로 오해를 받기도 하지만, 그 아이는 명백히 여자 아이였다.

진지의 아버지는 아마추어 과학자였다. 진지는 자신의 아버지를 늘 자랑스럽게 여기고 존경하고 있었다. 그녀에게 아버지는 세상에서 모르는 게 없는 척척박사였다.

진지는 내일이면 있을 과학 시험이 슬슬 걱정되기 시작했다.

"진지, 넌 좋겠다. 아빠가 과학자시니까 모르는 게 없잖아."

"당연하지!"

진지는 당연히 그렇게 얘기했지만 솔직히 자신이 없었다. 요즘은 날씨에 대해 배우고 있었다. 비록 쪽지 시험이긴 하지만 과학 시험만은 늘 1등을 놓치고 싶지 않은 진지였기에 내일 보는 과학 시험이 여간한 스트레스가 아니었다. 게다가 날씨 파트는 아무리 설명을 들어도 이해가 가지 않는 곳이 많았다.

'내일이 시험이니까, 오늘은 꼭 아빠에게 모르는 걸 물어봐서 100점 맞아야지.'

진지는 집에 돌아가자마자 한창 실험 중인 아빠를 불러대기 시작했다.

"아빠, 아빠, 나 내일 과학 시험 있어."

"어이구. 우리 예쁜 딸. 고생이 많네."

"나 날씨 파트 시험 치는데 모르는 거 있는데."

"우리 딸이 물으면 뭐든 대답해 줘야지. 뭔데? 뭐가 이해가 안 돼?"

"아빠, 고기압인 곳이 바람이 세? 저기압인 곳이 바람이 세?"

아마추어 과학자인 진짜 씨는 잠깐 고민하더니, 얘기했다.

"당연히 고기압인 곳이지. 공기가 누르는 힘이 기압이니까, 고기압이란 말에서 답이 나오지. 공기가 많다, 그게 바로 고기압인걸." 진지는 아버지가 모르는 것이 없다는 생각에 더욱 신이 났다. 그러고는 더욱 전의에 불탔다. 내일 과학 쪽지 시험은 꼭 100점 맞아야지라고 되뇌면서 말이다.

진지는 아버지가 가르쳐 준대로 시험을 쳤다. 그러고는 쪽지 시험 결과가 발표되기를 기다렸다.

"어디, 가만 보자. 우리 반 1등은…… 한 명 있네. 100점을 맞을 줄이야."

진지는 가슴이 두근거렸다. 자신이 100점을 맞았다고 확신하며 벌써부터 일어날 준비를 하고 있었다. 그러나 이게 웬일인가?

"순수야, 축하한다. 100점이네."

"어, 선생님? 저는요?"

진지는 자신의 이름이 거론되지 않자 선생님께 되물었다.

"진지는, 한 개 틀렸구나. 고기압 저기압 문제에서 틀렸네."

"뭐라고요? 그럴 리가 없어요. 우리 아빠가 분명 가르쳐 준 대로 시험 쳤는데."

진지는 아버지가 어쩌면 잘못 가르쳐 준 것일지도 모른다는 생각이 들자 눈물이 났다. 아버지에 대한 믿음이 와르르 무너지는 순간이었다.

"아빠, 뭐야. 왜 나한테 틀리게 가르쳐 줬어. 응? 고기압이 바람이 많이 분다며. 근데 선생님이 틀렸대. 아니래. 아빠, 뭐야."

진지는 진짜 씨를 보자마자 울어대기 시작했다. 진짜 씨는 그럴 리가 없다고 중얼거리며, 선생님에게 항의를 했다. 하지만 선생님은 진지가 틀렸다고 정확히 말씀하셨다.

"그럼, 지금 선생님 말씀은 제 설명이 틀렸다는 거지요?"

"아니, 아버님. 진지가 틀린 답을 체크했다니까요."

"그게, 제가 가르쳐 준 답이란 말입니다. 전 과학자예요. 근데 지금 제 말이 틀렸단 말입니까!"

화가 난 진짜 씨는 지구법정에 문제 정답 확인 소송을 벌이기에 이르렀다.

공기가 많은 곳에서 적은 곳으로 이동하면서 바람이 불게 되므로 저기압 지역에서 더 강한 바람이 붑니다.

여기는 지구법정

고기압 지역이 바람이 많이 불까요?
저기압 지역이 바람이 많이 불까요?
지구법정에서 알아봅시다.

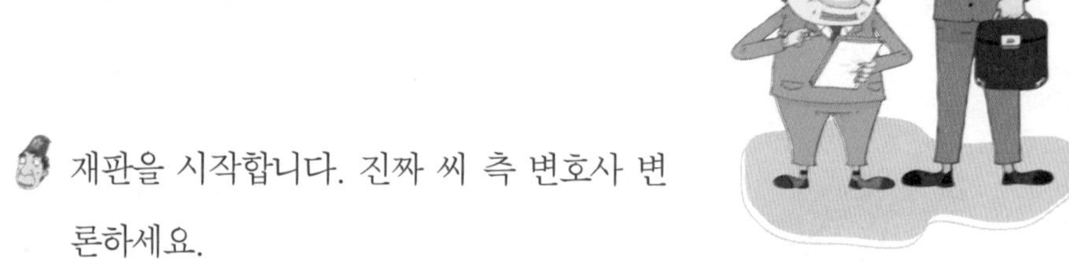

재판을 시작합니다. 진짜 씨 측 변호사 변론하세요.

아니, 진짜 씨가 지금 진지의 선생님이라고 극진히 모셔 왔는데, 말도 안 되는 답을 답이라고 주장하시니 어이가 없을 수밖에 없습니다.

지금 우리 측 변론인이 말도 안 되는 답을 답이라고 주장한다고요?

당연하지요. 생각을 해보십시오. 고기압! 고는 무슨 고 자입니까?

높을 '고' 지요.

그래, 그게 바로 정답입니다.

즉, 공기가 높이 많이 들어 있단 말이지요. 그게 바로 고기압이란 말입니다. 근데 선생님은 고기압에는 바람이 불지 않는답니다. 지금 그게 말이 됩니까? 공기가 많은데 바람이 안 불다니요.

지금 지치 변호사, 무식함을 드러내는 겁니까?

무식함이라니요. 저의 유식함은 온 세상 사람들이 다 아는데요. 어릴 때부터 영재 소리를 들었고, 게다가 늘 전교 1등을

놓친 적이 없는 제게 무식하다니요.

허 참, 어찌해야 제 말을 믿으실지.

저는 진실을 추구하는 사람입니다. 어쓰 변호사가 아무리 잘 봐 달라고 제게 아부를 떨어도 소용없는 일입니다. 변론할 수 없다면 지금이라도 포기하시지요.

무슨 그런 섭섭한 말씀을. 증인 요청하지요.

여하튼, 불리하면 증인이래, 증인.

흠흠. 지치 변호사 조용히 해 주십시오. 과학 담당 신문 기자이신 심탐구 씨를 증인으로 요청합니다.

멀대만 한 키에 얼굴이 조그만 남자가 성큼성큼 걸어 들어왔다. 그의 목에 걸린 사진기가 아니었으면 다들 연예인이라고 오해할 법한 훤칠한 외모였다.

심탐구 씨, 여기까지 와 주셔서 감사합니다. 탐구 씨는 주로 어떤 신문 기사를 다루시지요?

저는 과학에 사회적으로 접근해서 글을 쓰는 데 열중하고 있습니다. 아무래도 과학과 사회는 밀접한 관련이 있거든요.

으흠. 그럼 이번 사건도 혹시 기사화하실 생각이 있으십니까?

물론이지요. 이건 황당한 사건으로 신문에 올릴 법한 기사지요.

어떤 점이 그렇단 말입니까?

상승 기류가 뭐예요?

상승 기류란 대기 중에서 위로 올라가는 공기의 흐름으로, 단열 팽창으로 공기 중의 수증기가 응결하면서 구름이 만들어지고 비가 내리는 경우가 많습니다.

'아마추어 과학자 대 선생님의 정답 대결', 제목만으로도 무언가 확 끌리지 않습니까?

으흠. 그럼 결론은 어떻게 나겠습니까?

당연히 선생님의 승이지요.

이유는요?

으흠. 사회적으로 접근해 볼까나. 헤헤. 제가 워낙 이런 사건을 다루는 데는 익숙해져 있어서 말이지요.

음. 계속해 보시지요.

자연의 법칙은 공평주의입니다. 부자는 어떻습니까? 가난한 사람을 도와야 하지요? 이런 것이 바로 부의 재분배다 이겁니다.

죄송한데, 그게 이번 사건과 관련이 있긴 한가요?

물론이지요. 공기도 마찬가지란 말입니다. 고기압이란 주변보다 상대적으로 공기가 많아 공기의 압력(기압)이 높은 곳이지요. 반대로 저기압은 어떻겠습니까? 주변보다 상대적으로 공기가 적어 공기의 압력이 낮은 곳이지요. 그럼 아까 부의 재분배라고 했지요. 고기압에서는 넘치는 공기를 어떻게 해야겠습니까?

음. 기자 분의 논지에 따르자면, 고기압에는 공기가 넘쳐 나니 저기압인 곳으로 나누어 줘야겠지요.

바로 그겁니다. 그렇게 고기압인 곳에서 저기압인 곳으로 공기가 이동하는 것이 바람입니다. 그럼 기압의 차이가 크면 클수록 어떻겠습니까?

어…… 아무래도 기압의 차이가 더 크다면 바람 역시 더 강하게 불겠지요.

빙고! 바로 그겁니다. 그럼 기분 좋은 김에 실험도 하나 보여 드리죠. 간단히 풍선으로 보여 드리겠습니다.

풍선으로 뭘 보여 주시겠단 말이죠?

풍선에 바람을 이렇게 채워 넣습니다. (후후 바람을 불어 넣는다.) 자 이 풍선 안은 공기가 가득하지요. 그러니 풍선 안은 고기압입니다. 그럼 풍선 바깥은요? 그렇지요. 바로 저기압이란 말입니다. 그런데 이렇게 손을 놓아 보지요. (가득 부풀어 있는 풍선에서 손을 살며시 놓는다.) 그럼 바람이 빠져나가지요? 바람이 고기압에서 저기압으로 간 것입니다. 이해가 되십니까?

오호. 그렇군요.

또 한 가지 더!

아니 저, 재판을 마저 진행해야 하는데…….

저기압과 고기압의 특징이지요. 저기압에서는 수증기를 머금은 공기가 몰려와 위로 상승하니까 구름을 만들겠죠. 그럼 비가 내린다 이 말입니다. 그럼 고기압은 어떨까요? 구름이 생길 리 없지요. 그래서 고기압은 맑은 날씨다 이 말입니다. 뭐, 더 말씀드리고 싶지만, 어쓰 변호사님께서 바쁘신 것 같으니 이 정도로 하지요.

정말, 말씀을 많이 해 주셨습니다. 어찌나 말씀이 많으신지. 여하튼 감사드립니다.

뭘, 그 정도를 가지고요.

판사님, 어떻습니까? 진짜 씨가 틀렸다는 게 이렇게 증명되지요. 진짜 씨는 고기압에서 바람이 많이 분다고 얘기했지만, 전혀 그렇지 않습니다. 오히려 저기압에서 바람이 많이 불지요. 그러니 진지 학생이 답을 틀릴 수밖에 없었지요.

저기압 지역은 어떤 특성이 있나요?

저기압은 주위보다 기압이 낮은 지역으로 바람이 바깥쪽에서 안쪽으로 불어 들어옵니다. 저기압 중심 부근의 상승 기류에서 단열 냉각에 의해 구름이 생성되고 비가 내리는 경우가 많습니다. 때문에 일반적으로 저기압 지역은 비바람이 강하며 날씨가 좋지 않습니다.

판결합니다. 고기압은 공기가 많이 모여 있는 곳입니다. 저기압은 공기가 적게 모여 있는 곳이지요. 그런데 바람은 공기가 많은 곳에서 공기가 적은 곳으로 몰려가는 성질이 있으므로 바람이 많이 부는 곳은 저기압인 곳이라는 사실을, 이 재판을 통해 알게 되었습니다.

부디 바람이 하는 것처럼, 사람들도 돈 많은 사람들이 돈 적은 사람들에게 돈을 나누어 주면서 가난한 사람들에게 돈 바람이 많이 불었으면 좋겠습니다.

요트와 바닷바람

바닷가에서 바람은 어느 방향으로 불까요?

"너 이번에 들었어? 요트 대회 하는 거?"

"당연히 들었지. 이번에는 프란시아 대회 창립 이래 최대 규모라던데."

"정말 엄청나겠다. 그치?"

"응, 그래서 난 반드시 보러 갈 거야."

올해 프란시아 요트 대회가 과학공화국 주민들 사이에서 유난히 자주 거론되는 것은 엄청난 참가 규모 때문이었다. 작년까지만 해도 프란시아 대회는 스무 팀 정도가 참가하는 지역 대회에 불과했다. 그런데 몇 달 전, 과학공화국의 수려한 프란시아 바다가 〈세계

명소의 관광지〉라는 방송 프로그램에 소개되고, 그곳에서 벌어지는 프란시아 요트 대회에 대한 안내가 이어지자, 그 방송을 본 무수한 사람들이 프란시아 요트 대회에 참가 신청서를 내게 되었다. 그래서 이제껏 프란시아 요트 대회에서는 상상도 할 수 없었던 300여 팀의 참가 신청이 줄을 이었다.

프란시아 요트 대회 주최 측은 처음에는 줄 이은 대회 참가 신청에 쾌재를 불렀다. 엄청난 예산을 확보할 수 있을 뿐만 아니라, 프란시아 바다를 알리는 데 요트 대회보다 좋은 기회가 없었던 것이다.

그러나 점점 걱정이 되기 시작하였다. 요트 대회 기간은 벌써 이틀로 확정되어 있는데, 참가팀이 너무 많아 한꺼번에 전원이 요트 대회를 치를 수가 없었던 것이다. 결국 일부는 낮에, 그리고 일부는 밤에 요트 대회를 하기로 결정하였다.

프란시아 요트 대회는 프란시아 바다 지역을 최대한 살려서 하는 경기였다. 프란시아 바다 앞에는 200미터 떨어져 있는 섬이 있는데 그 섬에서 육지 쪽으로 오는 데 걸리는 시간을 따지는 방식으로 진행되는 경기였다.

프란시아 요트 대회의 강력한 우승 후보로는 나는배 씨가 언급되고 있었다. 프란시아 요트 대회에서 3년 연속 우승을 차지한 나는배 씨는 소위 말하는 수준급 보트 선수였다. 비록 이번에 참가 팀이 많아지긴 했지만, 나는배 씨는 전혀 걱정이 없었다. 늘 2등과 현저한 실력 차이로 우승했기에, 그의 실력을 뛰어넘는 사람은 과학공화국에 없다고 봐도 무방했다.

나는배 씨는 제비뽑기를 통해 밤 경기를 하도록 배정받았다. 그래도 걱정 없었다. 자신의 실력을 누를 수 있는 사람은 없다는 자신감이 있었다. 밤에 열리는 요트 경기 대회 역시 많은 사람들이 모여들었다. 많은 조명 시설들로 화려하게 우승자를 맞을 준비를 하고 있었다. 그런데 이상하게도 나는배 씨는 예상 밖의 저조한 기록으로 우승을 놓쳤다. 우승을 한 사람은 전년도 2등이었던 승리마 씨였다.

나는배 씨는 아무리 생각해도 자신이 그렇게 저조한 기록을 낸 것을 이해할 수 없었다. 마침내 시상식 날이 다가오자 그의 머릿속은 더욱 복잡해졌다. 한참을 끙끙대던 나는배 씨는 1등인 승리마 씨가 낮에 경기를 했다는 사실이 떠올랐다. 그리고 낮과 밤에 요트 경기를 하는 것에는 분명히 차이가 있을 것이라는 생각에 이르렀다.

그래서 시상식이 열리는 날, 나는배 씨는 프란시아 요트 대회의 경기 방식이 공평하지 않다는 이유로 대회 운영위원회를 상대로 소송을 걸었다.

해륙풍은 해안 지방에서 바다와 육지의 기온 차로 인해
낮과 밤에 방향이 바뀌어 부는 바람을 뜻합니다.
낮에 바다에서 육지로 부는 해풍과 밤에 육지에서
바다로 부는 육풍이 있습니다.

여기는 지구법정

밤에 요트를 타는 것과 낮에 요트를 타는 것은 어떤 차이가 있을까요?

지구법정에서 알아봅시다.

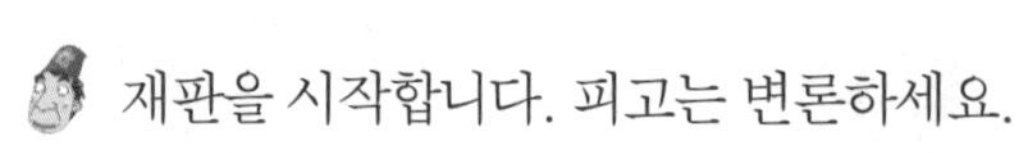

재판을 시작합니다. 피고는 변론하세요.

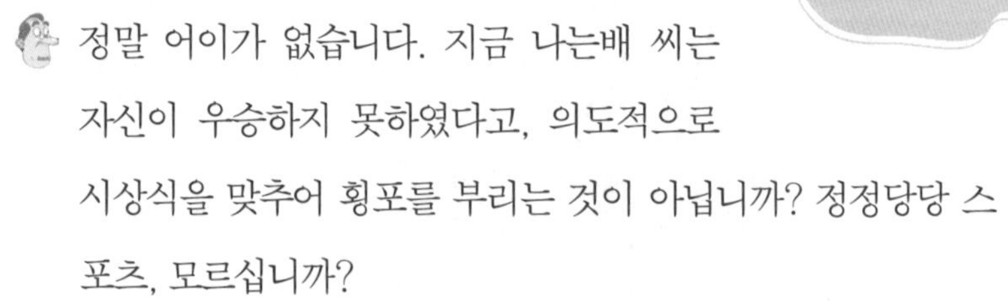

정말 어이가 없습니다. 지금 나는배 씨는 자신이 우승하지 못하였다고, 의도적으로 시상식을 맞추어 횡포를 부리는 것이 아닙니까? 정정당당 스포츠, 모르십니까?

정정당당 스포츠를 위해, 나는배 씨도 소송을 건 겁니다.

허, 핑계는 좋아요. 여하튼. 아니, 생각해 보십시오. 프란시아 요트 대회에 나는배 씨가 처음 참가하는 것도 아니고, 벌써 네 번째 참가입니다. 그런데 경기 방식이 잘못되었다고 한다면, 이제껏 자신이 우승했을 때는 왜 가만있었단 말입니까? 분명 기록이 안 좋게 나오고, 자신이 우승을 놓치니까 수를 쓰는 것이 분명합니다. 그러므로 이 소송을 빨리 무효화하고, 프란시아 요트 대회의 시상식을 신속히 처리해야 한다고 주장하는 바입니다.

음, 그럼 지치 변호사의 말씀은 끝났습니까?

아니요, 제 의견을 좀 더 사실적으로 말씀드리기 위해 증인을 요청하는 바입니다.

증인요?

네, 이번 프란시아 요트 대회에서 1등을 하신 승리마 씨를 증인으로 요청합니다.

당당한 포즈로 승리마 씨가 걸어 들어오더니, 증인석에 거만하게 앉았다.

빨리 판결 내지요. 저도 바쁜 사람이거든요.

승리마 씨, 이번 우승에 무언가 비리라도 있었습니까?

아뇨. 전혀 없었습니다. 저는 끊임없이 연습했고, 그 결과가 이렇게 나온 것입니다. 나는배 씨는 자신의 실력을 믿고 매일 그냥 놀았더니 현저히 낮은 기록이 나온 것이겠지요.

그렇습니다. 만약 승리마 씨가 밤에 경기를 해도 1등을 할 수 있었을까요?

물론입니다. 밤에 했다고 1등을 하지 못했다고 주장하는 건 너무 구차한 변명 아닙니까?

잘 알겠습니다. 그럼 어쓰 변호사. 변론하시지요.

이번 대회에서는 분명 큰 오류가 있었습니다. 평소에 프란시아 요트 대회는 늘 같은 시각에 동시에 이루어졌지만, 이번에는 낮에 경기를 하는 팀과 밤에 하는 팀을 나누었습니다. 그러나 요트 경기는 어떤 경기입니까? 바람의 영향을 지대하게 받는 경기입니다. 낮과 밤이라는 환경이 달라지면, 바람도 달라지는 것이 바로 요트 경기다 이 말입니다.

아니, 환경이야 달라지지요. 하지만 낮이 밤보다 경기하기 좋다는 보장이 어디 있습니까? 밤이 더 좋을 수도 있지요. 이거 너무, 막 들이대시는 거 아닙니까?

허, 참. 그럼 저도 증인 요청하겠습니다. 바람에 대한 연구 30년, 신바람 박사님을 증인으로 요청합니다.

신바람 박사는 뭐가 그리도 신나는지 콧노래까지 흥얼거리며 증인석에 앉았다.

박사님, 이번 프란시아 요트 경기 대회에 대해서는 들으신 적이 있으시지요?

암요. 그렇고말고요.

원래 나는배 씨는 뛰어난 기록을 보유한 선수입니다. 그런데 밤에 요트 경기를 하자, 급격히 기록이 떨어져 수상 후보 안에도 들지 못했는데요. 경기를 낮에 치르는지, 밤에 치르는지가 기록에 큰 영향을 미칠 수 있습니까?

당연하지요. 특히 이 경기는 바다에 있는 섬에서 육지까지 돌아오는 시간을 재서 우승을 결정짓는 것이 아닙니까. 당연히

육지와 바다의 비열이 다르기 때문에 낮이냐, 밤이냐에 따라 기록에 차이가 날 수밖에 없지요.

그게 무슨 말이신지? 조금 더 자세히 설명해 주시겠습니까?

육지는 비열이 작고, 바다는 물이기 때문에 비열이 큽니다. 그래서 낮에는 같은 햇빛을 받아도 비열이 작은 육지는 빨리 뜨거워지겠지요. 그럼 육지 주위의 더워진 공기가 위로 올라가겠지요. 그 빈 곳을 채우기 위해 바다 쪽 공기가 육지로 몰려온다 이 말입니다. 그러면 기록이 좋아질 수밖에 없지요.

해안지대에서의 해륙풍 방향

오호. 그럼 밤에 경기를 하게 된다면요?

반대로 밤에는 비열이 큰 바다 쪽 열이 천천히 식겠지요. 그럼 바다 쪽 공기가 육지보다 온도가 더 높아서 위로 상승할 거다 이 말입니다. 그럼 어떻게 되겠습니까? 육지 쪽 공기가 바다로 이동하겠지요. 그럼 요트가 육지 쪽으로 가는 것을 방해하는 공기의 흐름이 생기는 거지요.

아하, 비열의 차이에 따라 바람이 어디로 부느냐가 결정되기 때문에 이번 요트 대회에서 경기를 치른 시간이 기록에 지대한 영향을 미쳤겠군요.

그런데 비열이 뭐죠?

같은 질량의 물체에 같은 양의 열이 공급되어도 온도가 올라가는 정도가 다릅니다. 예를 들어 물은 1그램에 1칼로리의 열을 공급하면 1도가 올라가지만 같은 질량의 쇳덩어리는 훨씬 더 높은 온도까지 올라갑니다. 이렇게 물질 1그램을 1도 올리는 데 필요한 열의 양을 비열이라고 부르지요. 물의 비열은 1입니다.

해풍과 육풍 중 누가 더 빠를까요?

해풍은 일반적으로 육풍보다 강합니다. 해풍의 풍속은 보통 초속 5~6m 정도이고, 해안의 지형에 따라 초속 7~8m까지 불기도 하며 내륙으로 갈수록 약해지는 경향이 있습니다. 반면 육풍은 초속 2~3m밖에 되지 않습니다.

잘 알겠습니다. 판사님, 어떻습니까? 이래도 관련이 없다고 할 수 있겠습니까?

당연히 관련이 있다고 해야죠. 뒤에서 밀어주는 바람이 불 때 경기를 치른 선수와 맞바람을 맞으며 경기를 치른 선수의 기록은 차이가 날 수밖에 없으니까 공정한 조건이 아니지요. 그러므로 이번 경기는 낮이면 낮, 밤이면 밤에 모든 선수들이 경기를 벌여야 했다는 것이 본 판사의 생각입니다.

과학성적 끌어올리기

바람과 기압

대기압 이야기

대기압은 대기가 누르는 압력입니다. 우리는 두터운 공기층에 쌓여 있는데, 공기 분자에도 무게가 있어 그 무게로 우리를 누르지요. 바로 그 압력을 대기압이라고 부릅니다.

대기압을 눈으로 확인할 수 있을까요? 방법이 있습니다. 한쪽 끝이 막힌 길이 1미터의 유리관에 수은을 가득 채우고 열려 있는 끝부분을 손가락으로 막습니다. 그런 다음 이것을 거꾸로 들어 유리관 끝부분이 그릇 속 수은에 살짝 담기도록 세우고 손가락을 뗍니

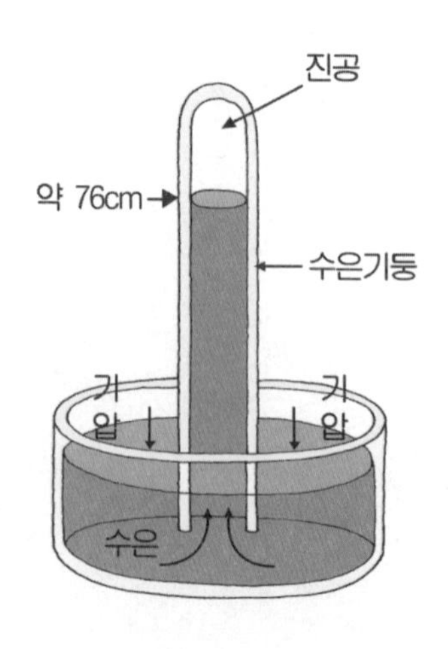

과학성적 끌어올리기

다. 그러면 원래 1미터 높이에 있던 유리관 속 수은이 아래로 내려와 높이 76센티미터에서 멈춥니다.

왜 수은이 아래로 내려오는 걸까요? 바로 수은의 무게 때문입니다. 그런데 왜 모두 내려오지 않고 내려오다가 멈추냐고요? 그것은 그릇 위의 공기가 수은을 누르기 때문이지요. 즉 수은 76센티미터의 무게만큼을 공기가 누르고 있기 때문입니다. 그러므로 대기압은 수은 76센티미터의 무게가 누르는 압력에 해당합니다.

수은 대신 물을 채우면 어떻게 될까요? 수은은 물보다 13.6배 무거우므로, 물은 76센티미터의 13.6배 높이까지 올라갈 것입니다. 즉 높이 10미터 정도의 물기둥이 생기는 거지요.

우리는 보통 수은 76센티미터의 무게에 해당하는 대기압을 받는데, 이것을 1기압이라고 하고 76cmHg라고 씁니다. 여기서 Hg는 수은의 원소 기호입니다.

과학성적 끌어올리기

기압의 단위

기압을 측정하는 단위로는 헥토파스칼(hPa)을 많이 사용하는데, 다음과 같이 표현합니다.

1기압 = 1013hPa

수은의 비중은 수은의 무게를 부피로 나눈 값입니다. 수은의 무게는 수은의 질량에 9.8을 곱한 값이므로, 수은의 비중은 수은의 밀도 $13.6g/cm^3$에 $9.8m/s^2$을 곱한 값이 되지요. 단위를 통일하면 1g=0.001kg이고 1cm=0.01m이니까 수은의 밀도는 $13600kg/m^3$가 됩니다. 여기에 $9.8m/s^2$을 곱하면 수은의 비중은 $133280N/m^3$가 되는데, 여기서 수은의 비중에 높이를 곱한 값이 바로 수은 기둥이 바닥에 작용하는 압력입니다. 그리고 수은의 무게는 수은의 비중과 부피의 곱이므로

$$\text{높이} \times \text{비중} = \text{높이} \times \frac{\text{무게}}{\text{부피}}$$

가 됩니다. 또 부피는 바로 기둥 단면의 넓이와 높이의 곱이니까

과학성적 끌어올리기

$$\text{높이} \times \text{비중} = \frac{\text{무게}}{\text{단면의 넓이}} = \text{압력}$$

이 됩니다. 그럼 높이와 비중의 곱은 약 101300N/m²가 되는데, 이때 N/m²를 압력의 단위 파스칼(Pa)이라고 부릅니다. 그리고 그것의 100배를 헥토파스칼이라고 하고 hPa라고 씁니다. 그러니까 1기압은 1013hPa가 되는 것입니다.

기압계의 원리

기압이 낮아지면 수은 기둥의 높이가 낮아지고 기압이 높아지면 수은 기둥의 높이가 높아지므로, 수은 기둥으로 기압을 정확하게 측정할 수 있으며 이러한 장치를 기압계라고 부릅니다.

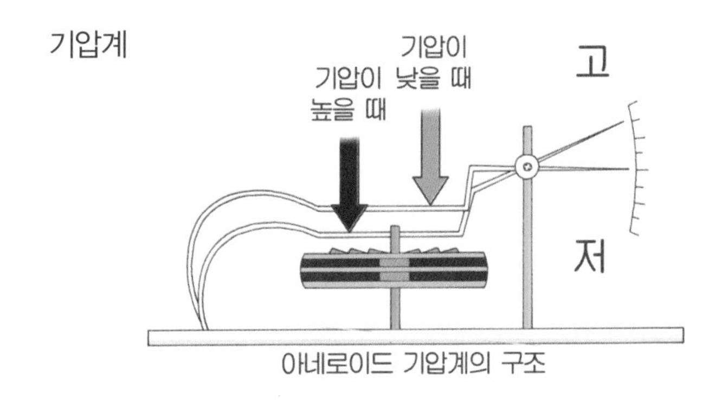

아네로이드 기압계의 구조

과학성적 끌어올리기

수은기압계는 정밀하기는 하지만 휴대하기가 불편해 아네로이드 기압계를 많이 사용합니다. 아네로이드 기압계는 얇은 금속으로 만든 통 속의 공기를 일부 뽑아내어 기압의 변화에 따라 민감하게 변하게 한 다음 여기에 바늘을 달아 그때그때 눈금을 읽을 수 있도록 한 장치입니다. 즉 기압이 높아지면 금속통이 수축하고 기압이 낮아지면 금속통이 팽창하는 원리를 이용한 장치입니다.

기압계 발명의 일화

공기에도 무게가 있다는 생각을 처음으로 해낸 과학자는 낙하법칙으로 유명한 갈릴레이입니다. 갈릴레이에게는 토리첼리라는 제자가 있었는데, 그가 기압을 재는 장치를 처음으로 발명했습니다.

토리첼리는 수은이 담겨 있는 용기에 유리관을 거꾸로 꽂으면 공기의 압력과 평형을 이룰 때까지 관을 따라 수은이 올라간다는 사실을 알아냈습니다. 수은은 어느 정도 높이까지 올라가고 나면 거기에서 멈추고 더 이상 올라가지 않았습니다. 토리첼리는 이 실험에서 수은이 올라간 높이가 76센티미터라는 사실을 알아냈습니다. 그리고 기압이 낮은 날에는 그보다 낮은 높이까지 올라가고 기압이 더 높은 날에는 더 높은 곳까지 올라간다는 사실도 알아냈습니다.

그리하여 사람들은 수은의 높이가 76센티미터일 때의 기압을 1기압으로 정했습니다.

그 후 파스칼은 수은 기둥의 높이가 위치에 따라 달라진다고 생각했습니다. 즉 수은 기둥의 높이는 공기 기둥의 높이와 비례하므로, 산으로 올라가면 공기 기둥의 높이가 낮아져(기압이 낮아져) 수은 기둥의 높이도 낮아질 것이라고 생각했습니다. 파스칼은 이러한 생각을 실험으로 증명해 보이고 싶었습니다.

파스칼은 파리 남쪽의 클레르몽이라는 마을에 있는 퓨이 드 돔이라는 해발 1000미터 정도의 산에서 수은 기둥의 높이를 측정하면 산기슭에서 측정한 수은의 높이와 다르게 나올 것이라고 생각했습니다. 그렇지만 당시 파스칼은 몸이 너무 아파 자신이 직접 실험을 할 수 없었습니다. 그래서 그는 친척인 펠리에에게 이 실험을 맡겼습니다. 1648년 펠리에는 수은 기압계를 들고 퓨이 드 돔 정상으로 올라갔습니다. 올라갈수록 수은 기둥의 높이가 줄어들더니 산 정상에서는 8.5센티미터 정도 낮게 올라갔습니다. 파스칼의 예상이 적중한 것이지요.

그 후 사람들은 수은보다 가벼운 물을 사용하면 물기둥이 10미터까지 올라갈 것이라고 생각했습니다. 그러던 중 독일의 기술자

과학성적 끌어올리기

괴리케가 재미있는 생각을 떠올렸습니다. 그날그날의 기압에 따라 물기둥의 높이가 달라지는 것을 사람들에게 보여 준다면 그날의 날씨를 알릴 수 있을 것이라는 생각이었지요.

괴리케는 이 일을 바로 실행에 옮겼습니다. 그는 놋쇠로 만든 길이 10미터의 관을 집에 설치했습니다. 이 관의 위쪽 끄트머리에는 가늘고 긴 관이 달린 플라스크를 거꾸로 매달고 아래쪽 끄트머리에는 물을 가득 채운 원통을 꽂았지요. 그러면 대기압 때문에 관을 따라 물이 올라갈 것으로 생각했습니다.

그런데 매일매일 기압이 같은 것은 아니었지요. 기압이 낮으면 물의 높이는 낮아지고 기압이 높으면 물의 높이는 높아졌습니다. 괴리케는 관 속에 있는 물에 사람 모양을 한 인형을 띄워 놓았습니다. 놋쇠관은 투명하지 않아 물의 높이가 10미터보다 낮을 때는 사람들이 인형을 볼 수 없었지만, 기압이 높아져 물의 높이가 10미터보다 높아지면 인형을 볼 수 있었지요.

이 장치는 사람들에게 그날의 일기를 알려주는 역할을 했습니다. 기압이 낮아 인형이 보이지 않는 날은 영락없이 흐린 날이었기 때문이지요. 반대로 기압이 높아 인형이 잘 보이는 날은 맑은 날이었고요.

과학성적 끌어올리기

물 기압계는 정확하게 날씨를 예보해 주었습니다. 그래서 마을 사람들은 괴리케를 날씨를 알아맞히는 마법사라고 여겼습니다. 그렇지만 그것은 마법이 아니라 과학이었습니다.

기압이 낮으면 왜 날씨가 흐릴까요? 그것은 공기들의 움직임과 관련 있습니다. 공기들은 끊임없이 움직이고 있습니다. 그런데 공기 알갱이들이 조금 모여 있는 곳은 공기가 누르는 압력이 작아 다른 지역보다 기압이 낮습니다. 그러면 주위의 수증기를 포함한 공기들이 그 지역으로 몰려들고, 그 공기들이 증발하여 구름을 만듭니다. 그러므로 기압이 낮은 곳에는 구름이 많이 생겨 날씨가 흐리고 비가 올 확률이 높지요.

진공의 발견

괴리케는 처음으로 진공을 만들 수 있는 공기 펌프를 만들었습니다. 진공이란 공기 알갱이가 없는 곳을 말하는데, 공기가 채워져 있는 곳에서 펌프로 공기 알갱이를 뽑아내면 진공을 만들 수 있지요.

물론 처음부터 공기 펌프를 발명한 것은 아니었습니다. 처음에 괴리케는 통에 물을 가득 채우고 통의 바닥에 펌프를 설치하여 통 속의 물을 남김없이 끌어내면 통 속은 아무것도 없는 진공 상태가

과학성적 끌어올리기

될 거라고 생각했습니다. 그렇지만 실험은 실패로 돌아갔습니다. 통의 판자 이음새로 공기가 새었기 때문이지요.

그래서 괴리케는 통의 판자 이음새를 모두 막고 다시 한 번 펌프를 이용하여 물을 끌어냈지요. 그렇지만 물이 줄어들수록 펌프를 움직이는 일이 점점 힘들어졌습니다. 결국에는 세 남자가 힘을 합쳐 펌프질을 해야 할 정도였지요. 하지만 이 방법도 실패로 돌아갔습니다. 마지막 순간에 통의 바닥이 통 속으로 빨려 들어가 버렸기 때문이지요.

괴리케는 생각을 바꾸어 보았습니다. 물을 빼는 대신에 공기를 직접 빼서 진공 상태를 만들어 보기로 결심한 거죠. 이 실험을 위해 그는 밀폐된 공간에서 공기를 뽑아낼 수 있는 공기 펌프를 발명했습니다. 그리고 속이 빈 구리 반구 두 개를 만들었습니다. 반구는 공의 반쪽을 말하는데, 두 반구는 가장자리가 딱 맞게 설계하였습니다.

괴리케는 반구와 지름이 같은 가죽고리를 만들어 테레빈유에 밀을 녹인 용액에 담가 두었습니다. 그러고 나서 마개가 연결되어 있는 고리를 두 반구 사이에 끼워 넣었습니다. 얼마 후 테레빈유는 모두 증발하고 두 반구와 가죽 고리 사이에는 밀만 남아 구멍을 메웠습니다. 이제 두 반구는 붙어서 공 모양이 되었지요. 괴리케는 공기 펌프를 이용하여 공 속의 공기를 뽑아내고 마개를 잠가 공기가 들어가는 것을 막았습니다. 이제 공 속은 진공이 된 것이지요.

괴리케는 진공의 힘을 사람들에게 보여 주고 싶어서 공개 실험을 하기로 했습니다. 1651년 페르디난도 황제는 이 소문을 듣고 자신이 보는 앞에서 실험을 하도록 명령했습니다.

괴리케는 각각의 반구에 말 여덟 마리를 연결하여 서로 반대 방향으로 반구를 잡아당기게 했습니다. 그러자 실로 놀라운 일이 벌어졌습니다. 두 반구는 열여섯 마리의 말이 양쪽으로 당기는 힘에도 떨어지지 않고 공의 모양을 그대로 유지한 것입니다.

한참 후에야 말들은 힘겹게 두 반구를 분리시켰습니다. 그러자 대포를 쏘는 듯한 거대한 소리가 울려 퍼졌습니다. 진공으로 공기가 아주 빠르게 밀려 들어가면서 생긴 소리였지요.

이로써 황제와 많은 사람들은 속이 진공인 두 반구를 떼어 놓기는 무척 힘들다는 사실을 알게 되었습니다. 그렇지만 괴리케는 사람들에게 두 반구를 쉽게 떼어 놓을 수 있는 방법을 보여 주었습니다. 방법은 간단했습니다. 두 반구로 공기가 들어가지 못하도록 잠가 놓았던 마개를 열어 바깥의 공기가 두 반구 안으로 들어가게 하는 것이었습니다. 그러자 어린아이도 두 반구를 떼어 놓을 수 있었습니다.

왜 두 반구 속이 진공일 때는 두 반구를 떨어뜨려 놓기가 힘들었을까요? 바로 공기의 압력인 대기압 때문입니다. 두 반구 속에 공기가 채워져 있을 때는 공 밖의 공기가 공을 누르는 압력과 공 속의 공기가 공을 누르는 압력이 같습니다. 그러므로 두 반구를 쉽게 떨어뜨릴 수 있었습니다.

그렇지만 두 반구 속이 진공일 때는 상황이 달라집니다. 이때는 공 밖의 공기가 두 반구를 미는 압력은 있지만 공 속에 공기가 없으므로 반구를 바깥으로 밀쳐 내는 힘은 존재하지 않습니다. 그러므로 두 반구는 공기의 압력 때문에 공 안쪽 방향으로 강한 힘을 받게 됩니다. 이때 두 반구를 떨어뜨리기 위해서는 공기가 두 반구를 누르는 힘보다 더 큰 힘을 반대 방향으로 가해야 합니다. 그것이 바로 말 열여섯 마리가 두 반구를 서로 반대 방향으로 잡아당기는 힘인 것입니다.

이와 비슷한 상황은 태풍 때문에 지붕이 날아가는 장면에서도 볼 수 있습니다. 보통 때 지붕 아래의 공기와 지붕 위의 공기는 서로 반대 방향으로 지붕에 압력을 가합니다. 즉 지붕 아래의 공기는 지

과학성적 끌어올리기

붕을 위로 올리는 압력을, 지붕 위의 공기는 지붕을 위에서 누르는 압력을 가하지요.

그렇지만 강한 태풍이 불어서 지붕 위의 공기를 순식간에 날려 버리면 지붕 위는 순간적으로 진공 상태가 됩니다. 그러면 지붕을 위에서 누르는 힘이 지붕 아래의 공기가 지붕을 위로 올리는 힘보다 작아지기 때문에 지붕이 위로 날아가 버리는 것이지요.

우리는 왜 대기압을 느낄 수 없는 걸까?

사람의 머리가 받는 대기압은 어느 정도일까요? 대기압은 압력이므로 단위 면적당 작용하는 힘입니다. 대기압이 101300N/m^2이니까 가로세로 1미터인 곳에 101300N의 힘이 작용한다는 뜻입니다. 그러니까 가로세로 1미터인 곳에 약 10톤의 질량을 가진 물체를 올려놓은 셈이죠. 그런데 사람의 머리 넓이는 약 0.05m^2이므로, 이 부분이 받는 대기압은 약 500킬로그램 정도의 질량을 가진 물체가 머리를 누르는 힘입니다. 사람들이 그 정도의 질량을 견디면서 어떻게 찌부러지지 않고 걸어 다닐 수 있는 걸까요? 그것은 외부의 대기압이 누르는 힘과 크기는 같고 방향이 반대인 힘이 우리 몸속에서 밖으로 작용해 두 힘이 평형을 이루기 때문입니다.

과학성적 끌어올리기

아~!
그렇구나!
외부의 대기압이 누르는 힘과 똑같은 힘이 우리의 몸속에서 반대 방향으로 작용해 우리가 대기압을 느끼지 못하는 거야.

과학성적 끌어올리기

바람은 왜 불까?

바람은 공기가 흘러가는 현상입니다. 공기에도 무게가 있어서 강한 바람이 불 때는 공기들이 아주 빠르게 움직이면서 그 무게로 우리에게 큰 충격을 줍니다. 그래서 강한 바람을 맞으면 우리의 몸은 뒤로 밀리게 되죠.

풍선을 불다 입을 떼면 바람이 빠져나옵니다. 풍선 속 공기가 밖으로 빠져나오는 것이죠. 왜 빠져나올까요? 풍선 속 압력이 밖의 대기압보다 높고, 공기는 압력이 높은 곳에서 낮은 곳으로 이동하기 때문입니다. 즉 바람은 압력이 높은 곳의 공기가 압력이 낮은 곳으로 이동하는 현상입니다.

장소에 따라 공기의 양이 다르므로 당연히 기압도 달라집니다. 예를 들어 산 위로 올라가면 공기의 양이 적어지니까 기압이 낮아집니다. 상대적으로 주위보다 기압이 낮은 곳을 저기압이라고 하므로 산 위는 산 아래보다 저기압입니다. 그럼 저기압은 왜 생기는 걸까요? 땅이나 바다가 뜨거워지면 그 부분의 공기가 위로 상승하면서 공기의 양이 적어지기 때문입니다.

반대로 상대적으로 주위보다 기압이 높은 곳을 고기압이라고 합니다. 위쪽 공기가 아래로 내려오면서 공기의 양이 많아지면 고기압이 만들어집니다.

그러므로 바람은 고기압에서 저기압으로 부는데 두 지역의 기압의 차이가 클수록 더 강한 바람이 붑니다. 이렇게 기압차 때문에 생기는 힘을 기압 경도력이라고 부릅니다.

기압 경도력

기압차가 생기면 기압이 큰 쪽에서 작은 쪽으로 힘이 작용하는데, 이때 단위 거리당 기압 차이를 기압 경도력이라고 합니다.

이슬과 서리에 관한 사건

보리를 밟아 줘요

보리밟기는 왜 하는 걸까요?

과학공화국에서 농사를 지으며 살아가는 영세 마을에서는, 요즘 '잘살아보세' 운동이 한창 진행 중이다. 잘살아보세 운동은 가난한 마을 주민들을 위해 정부가 고안해 낸 운동으로, 농업 전문가를 엄별하여 그 마을의 농업 고문관으로 보내서 농업 생산량을 늘릴 수 있도록 돕는 것이다.

대다수 영세 마을에서는 폭발적인 반응을 보였다. 그래서 처음에는 시범 마을 세 곳에서만 시행하던 운동을 이제는 347개 마을로 확대하여 시행하고 있었다.

그렇지만 농민들의 이런 호응에도 불구하고, 공무원들에게는 고민이 하나 생겼다. 그것은 농업 전문가를 뽑는 데 너무 오랜 시간이 걸려 다른 업무를 하기가 힘들다는 것이었다. 그래서 결국 공무원들은 지원서를 낸 사람 중 뺑뺑이를 돌려서 선택된 사람들을 농업 전문가라 칭하고 각 영세 마을에 보내 주는 편법을 사용하게 되었다.

밭농사와 논농사도 제대로 구분하지 못하는 김백수 씨는 공장에서 일을 하다가 해고당하자, 농업 전문가에 장난삼아 지원해 보았다. 그런데 이게 웬일인가? 김백수 씨에게 연락이 와서, 농업 전문가로 선정되었다고 하는 것이 아닌가. 그는 이게 꿈인가 생시인가 싶었다.

"김백수 씨, 축하드립니다. 그럼 내일부터 보리농사를 짓는 태화 마을로 일을 도와주러 가십시오."

김백수는 마냥 어리둥절하기만 했다. 그렇지만 농사쯤이야 자신도 쉽게 지을 수 있을 거라고 생각했다. 다음 날, 김백수 씨는 태화 마을을 찾아갔다. 그를 맞이하는 태화 마을은 온통 축제 분위기였다.

" 어서오세유. 잘 부탁합니더."

"인제 자네 덕에 우리도 함 잘살아 볼랑께, 좋은 얘기 많이 많이 해 주소."

"자네만 믿겠네."

태화 마을 주민들은 철석같이 그를 믿고 있었다. 때는 바야흐로

봄이었고, 김백수 씨는 아직도 농사가 만만해 보이기만 했다.

"까짓것 뭐 있어. 물만 주고, 밭만 갈아 주고, 그럼 곡식들이 무럭무럭 자라겠지. 뭐."

김백수 씨는 그런 자신의 의견을 밝히고자 했다. 그래서 이장님께 마을 주민들을 마을 회관에 좀 모이게 해 달라고 부탁했다. 마을 주민들은 농업 전문가의 연설을 듣기 위해 모든 일을 제치고, 앞 다투어 모여들었다.

"여러분, 보리는 저절로 놔두어도 추수할 수 있습니다. 오히려 여러분들이 보리가 잘 자라나 싶어 건드리는 것이 보리 그 녀석들에게는 스트레스가 될 뿐입니다. 그러니 여러분들은 보리밭 근처에 얼씬도 할 필요가 없습니다. 시간이 남으면 놀러나 다니십시오. 그게 보리에게도 여러분에게도 좋은 일입니다."

마을 사람들은 김백수 씨의 연설을 철석같이 믿었다. 어찌 들어보니 보리도 스트레스를 받는다는 말이 일리가 있는 것 같기도 했던 것이다. 그래서 태화 마을 주민들은 모두 보리밭 근처에는 얼씬도 하지 않았다.

그런데 이게 웬일인가. 보리밭 근처에 아무도 얼씬거리지 않다가, 추수할 때쯤 가 보았더니, 서리가 내리는 바람에 보리농사가 엉망이 된 것이었다.

태화 마을 주민들은 자신들이 먹고사는 유일한 길을 망쳐 놓은 김백수 씨에게 화가 났다. 농업 전문가라고 하늘같이 떠받들며

농사가 잘될 거라 믿었지만, 되레 엉망이 된 것이었다. 마을 주민들은 화가 나서, 결국 김백수 씨를 지구법정에 고소하기에 이르렀다.

보리밟기란 가을부터 겨울 동안 밭에서 자라고 있는 보리를 발로 밟아 주는 일을 말합니다. 이렇게 하면 뿌리가 땅속 깊이 파고들어 수분을 더 많이 흡수할 수 있습니다.

보리농사를 지을 때 중요한 점은 무엇일까요?
지구법정에서 알아봅시다.

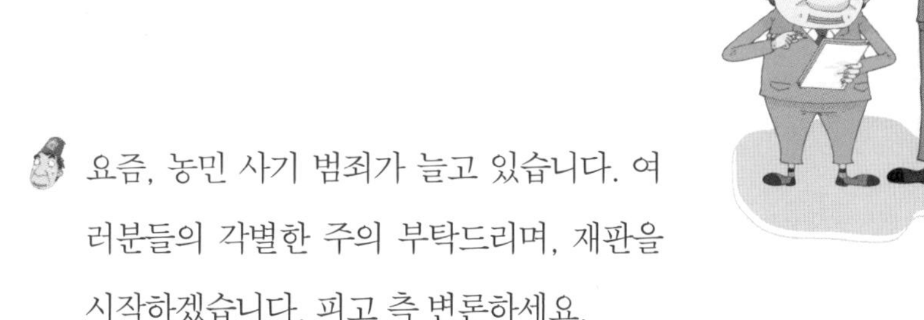

요즘, 농민 사기 범죄가 늘고 있습니다. 여러분들의 각별한 주의 부탁드리며, 재판을 시작하겠습니다. 피고 측 변론하세요.

이번 농사를 망친 것은 태화 마을 주민들이지요. 왜 그 책임을 농업 전문가이신 우리 김백수 씨가 져야 한단 말입니까?

김백수 씨가 농업 전문가 자격으로, 그의 말이라면 무엇이든 믿는 농민들에게 보리밭에 얼씬도 하지 말라고 했기 때문이지요.

아니, 얼씬도 하지 말랬다고 정말 얼씬도 하지 않는 바보가 어디 있습니까? 농사가 어디 그리 만만한 건 줄 아십니까?

말 잘하셨습니다. 힘들게 농사를 짓고 사는 농민들에게 말도 안 되는 얘기를 하시다니요. 김백수 씨만 아니었어도, 지금쯤

서릿발 작용이 뭐예요?

서릿발 작용이란, 겨울철에 토양 속 수분이 얼면서 토양의 입자를 들어 올리는 현상을 말합니다. 얼었던 수분이 녹으면 토양 입자는 다시 제자리로 떨어지는데, 이러한 작용이 반복되면서 토양 사이의 공간이 넓어지고 토양이 위로 들어 올려지게 됩니다. 이렇게 되면 월동 작물이 얼어 죽을 수 있으므로 토양을 밟아 주어 토양 사이의 공간을 줄이고 작물의 뿌리가 얼지 않도록 예방해야 합니다.

태화 마을 사람들은 보리 추수를 맞아 온통 축제 중이었을 거다 이 말입니다.

아니, 그런 판단은 자신이 해야 하는 거지요. 그리고 듣자 하니, 이번 농사를 망친 것은 서리 때문이라면서요. 김백수 씨가 그럼 서리까지 막아야 했단 말입니까? 자연 현상을 어떻게 막습니까?

또 모르시는 말씀하십니다. 만약 김백수 씨가 그런 쓸데없는 얘기만 하지 않았더라도, 지금쯤 다들 서리쯤이야 잘 막고, 보리를 풍족히 거두어 들였을 거란 말입니다.

도대체 서리를 어떻게 막을 수 있단 말이오.

JBS 방송국의 기상 예보청 국장이신 강날 씨를 소개합니다.

아나운서인지, 국장인지 헷갈릴 만큼 아리따운 40대 여성이 증인석에 앉았다.

강날 씨, 본인은 기상 정보에 대해 많은 것을 꿰고 있다고 들었는데요.

네, 그렇습니다. 저는 국장이 되기까지 기상에 관한 것이라면 뭐든 가리지 않고 공부했습니다.

그럼 혹시 서리에 대해서도 알고 계신지요?

서리는 공기 중에 있는 수증기가 차가워져서 땅이나 나뭇잎에 얼어붙은 현상을 얘기하지요.

우아, 무슨 인간 사전 같군요. 그럼 유리창에 얼음이 끼는 것도 서리겠군요.

모르시는 말씀. 유리창에 얼음이 낀 것은 성에라고 하지요.

이야. 대단하신데요. 그럼 서리와 농사가 무슨 관계가 있지요?

겨울철에는 흙이 얼었다 녹았다 하면서 흙을 위로 들어 올리는 서릿발 현상이 생깁니다. 이러한 현상이 반복되면 보리와 같은 식물은 뿌리가 위로 올라가 말라 죽고 말지요.

그럼 어떻게 해야 보리를 죽지 않게 할 수 있지요?

밟아 주어야 합니다. 그러면 보리 뿌리들이 다시 땅속으로 들어가 말라 죽는 일이 생기지 않지요.

그렇군요. 판사님, 이번 사건은 김백수 씨의 무지에서 비롯된 사건이므로 김백수 씨에게 모든 책임이 있다고 생각합니다.

나도 그렇게 생각하오. 조상들이 괜히 겨울에 보리밟기를 했겠습니까? 다 과학적인 지혜가 있었던 거지요. 그걸 김백수 씨가 무시하여 생긴 일이니까 이 모든 책임은 김백수 씨에게 있다고 할 것입니다. 그래서 김백수 씨에게는 내년 보리농사 때 무보수로 도와줄 것을 명령합니다.

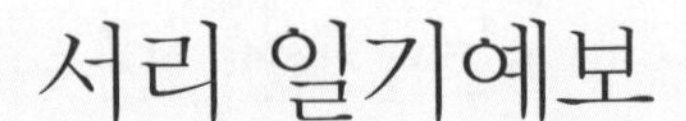

서리 일기예보

날씨를 봐주는 웨더 씨의 일기예보는
사기일까요, 과학일까요?

과학공화국의 미시촌은 점을 보는 곳으로 유명하다. 과학적으로 분석하고 설명하는 것은 아니지만, 점이라는 것은 사람들을 빠져들게 하는 묘한 매력이 있었다.

미시촌에는 여러 가지 점을 보는 곳이 있었는데, 결혼 운을 봐주는 곳, 생명 운을 봐주는 곳, 그리고 신기하게도 날씨를 봐주는 곳도 있었다.

최근 일기예보가 자꾸만 틀리기 시작하자, 사람들은 중요한 일이 있을 때, 내일은 날씨가 어떨지 날씨를 봐주는 곳에 묻기 시작했다.

날씨를 봐주는 사람인 웨더 씨는 단 한 번도 틀린 적이 없었다. 과학적으로 분석하는 것도 아니고 그저 전통적인 방법을 이용하여 예보를 할 뿐인데도 한 치의 오차도 없이 척척 맞아떨어졌다.

일기예보를 전문으로 해 주는 사이트 화창사에서는 이를 이상하게 여겨, 그곳에 몰래 사람을 투입하여 웨더의 예보는 사기라는 것을 밝히고자 했다.

"오늘 날씨는 어떻습니까?"

"오늘은 아침에 서리가 많이 내렸으므로 하루 종일 따뜻하겠지요."

화창사에서는 정반대로 예견했었다. 오늘은 제법 쌀쌀한 날씨가 될 것 같다고 예보를 했던 것이다. 그런데 놀랍게도, 웨더 씨의 예상이 맞아떨어졌다. 정말 하루 종일 날씨가 포근했던 것이다.

분명 무언가 있긴 있는 것 같은데 무엇인지 아리송해 하던 화창사 측에서는, 결국 어떻게든 웨더 씨의 사기 행각을 밝혀내 보고자 그를 지구법정에 고소하였다.

서리는 맑고 바람이 없는 날에 내립니다. 맑고 추운 날이라도 바람이 강하면 수증기를 쓸어 가기 때문에 서리가 내리지 않습니다.

아침에 서리가 내리면 날씨가 따뜻할까요?
지구법정에서 알아봅시다.

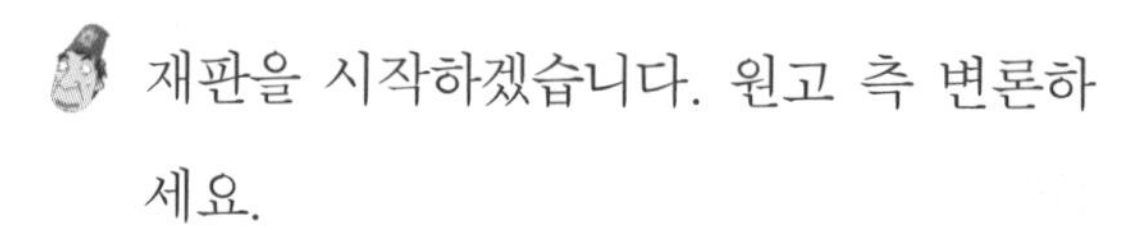

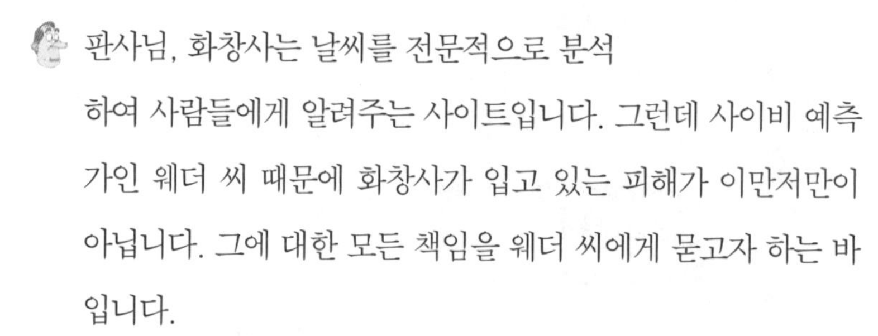

재판을 시작하겠습니다. 원고 측 변론하세요.

판사님, 화창사는 날씨를 전문적으로 분석하여 사람들에게 알려주는 사이트입니다. 그런데 사이비 예측가인 웨더 씨 때문에 화창사가 입고 있는 피해가 이만저만이 아닙니다. 그에 대한 모든 책임을 웨더 씨에게 묻고자 하는 바입니다.

그렇군요. 그런데 웨더 씨가 사이비라는 증거는 확보하신 건가요?

점이라는 게 그렇지 않습니까? 끼워 맞추기지요. 그래서 증거가 없어도, 뻔하지요. 느낌상으로 대충 보고 맞추는 건 당연히 사이비일 수밖에요.

으흠. 그렇다면 증거가 조금 약한데.

판사님, 웨더 씨에 비하면, 우리 화창사는 얼마나 치밀하고 과학적인지 알고 하시는 말씀이세요?

음. 일단 알겠습니다. 그럼, 피고 측 변론하세요.

판사님, 저는 피고인인, 미시촌의 원조 날씨 점쟁이 웨더 씨를

증인으로 요청합니다.

30대 남자가 한 손에는 작은 핸드백을 들고, 나머지 한 손에는 우산을 빙글빙글 돌리며 증인석에 앉았다.

증인은 무슨 일을 하시지요?

저는 미시촌에서 날씨를 봐주는 일을 하고 있습니다.

그런데 그 손에 들고 온 우산은 뭡니까? 이렇게 날씨가 맑은데.

조금 있다, 오후 늦게부터 비가 올 것이기 때문입니다. 이제 곧 비가 쏟아지겠군요.

이렇게 날씨가 맑은데, 비가 온다고요? 하하. 정말 마음대로 날씨점이군요. 이런 사기꾼을 보았나.

그 말이 떨어지기가 무섭게, 서서히 날씨가 흐려지기 시작했다.

으흠. 대체 증인은 무엇을 가지고 점을 보는 겁니까?

솔직히 점이라고 할 수도 없지요. 저는 실은 자연 현상을 활용하여 사람들에게 날씨를 말해 주고 있는 것이지요.

자연 현상을 보고 말씀하신다고요? 그럼 지난번 아침에 서리가 내렸으므로 하루 종일 날씨가 따뜻할 거라고 했던 건, 역시 자연 현상에 맞춰 날씨를 말씀하신 거란 얘기시군요.

그렇지요. 서리가 내리는 것은 전날 맑은 날 지표의 열이 위로 빠져나가면서 지표가 식어 온도가 내려가기 때문입니다.

에이. 그럼 날씨가 더 추워진다고 예보했어야지요.

아니, 그게 아닙니다. 서리가 내린 날은 먼저 바람이 없고 맑게 갠 날이지요. 바람이 강하면 서리가 생기지 않거든요.

음. 근데 그것만으로 하루 종일 포근할 거라고 예상하시다니, 대단한걸요.

뭣보다 서리가 내린 날은 아침이 쌀쌀하니까 상대적으로 맑은 날 햇살이 들면 따뜻하다고 느낄 수밖에 없는 거지요.

아, 그렇다면 이 방법은 전통적으로 우리 조상들이 날씨를 예측하는 방법이었겠군요.

그렇지요.

판사님, 분명, 화창사 측에서는 웨더 씨의 날씨 예측은 사기라고 주장하였지만, 실제로 웨더 씨는 자연 현상을 관찰하여 좀 더 정확한 날씨를 사람들에게 알려준 것으로 생각됩니다. 과학적 장치를 이용한 측정만이 정확하고 확실한 것은 아니

서리는 어떤 날 내리나요?

서리가 내리기에 적합한 기상 조건은 전날 저녁 6시의 기온이 7℃, 밤 9시의 기온이 4℃ 아래로 떨어질 때입니다. 야간에 구름 한 점 없이 쾌청하여 별이 뚜렷이 보일 때 발생하기 쉽습니다. 그러나 밤중에 기온이 많이 떨어져도 엷은 구름이 나타나면 서리는 생기기 어렵습니다.

잖습니까?

어쓰 변호사의 의견에 전적으로 동의합니다. 아침에 서리가 온 날이 따뜻한 날이 될 거라는 과학적인 분석은 훌륭했습니다. 하지만 지금은 날씨를 측정할 수 있는 더 좋은 장비들이 있으므로 그런 장비들을 이용한 예보와 함께 병행하여 예보를 하면 좀 더 정확한 예보를 할 수 있을 것이라 생각합니다.

무조건 현대적 기계를 이용해 날씨를 측정하는 방법만이 최고라고 믿던 현대인들에게 많은 것을 깨우쳐 준 재판이었다. 우리 조상들의 전통적인 날씨 측정법이 얼마나 과학적이었는지 새삼 실감할 수 있었던 것이다. 그에 따라 웨더 씨의 날씨 예측법은 여론을 타고, 더욱 유명해져만 갔다. 실제로 그 뒤에도 웨더 씨는 많은 텔레비전 방송과 라디오 방송에 출연하여, 사람들이 하늘만 보고도 내일의 날씨를 예상할 수 있도록 도왔다.

눈으로 보리농사를?

보리는 왜 눈이 오는 걸 좋아할까요?

과학공화국의 컨추리 마을은 다른 마을에 비해 개발이 덜 된 곳 중 하나였다. 그곳에서는 아직도 대다수 주민들이 농업으로 생활을 이어나가고 있었고, 특히 가뭄이나 홍수가 일어났을 때 컨추리 마을 사람들이 입는 피해는 이루 말할 수 없을 정도였다.

컨추리 마을 중에서도 보리농사를 짓는 한 가난한 동네가 있었다. 그 동네 주민들은 대부분 나이가 많으신 할머니, 할아버지로, 젊은 청년이라고는 눈을 씻고 찾으려야 찾을 수 없었다.

"영가아아암. 그 얘기 들었오요? 젊은 총각 하나가 우리 마을을 도울라꼬 온데예."

"아암. 듣고말고. 무슨 청년 지도인가, 지도자인가 하는 녀석이라 쿠던데."

"영가아아아암. 그니까 이번에 오는 청각한테는 좀 잘해줘여. 그래야, 우리 농사도 많이많이 도와주다 가지여."

"청각이 아이고. 총각이라니께. 바부팅이 할망구."

마을의 할머니 할아버지는 청년 농촌 지도자가 자신들 마을에 올 거라는 소식에 기뻐했다. 분명 그가 농사가 잘되도록 도울 것이라는 기대 때문이었다.

청년 농촌 지도자인 박계몽 씨가 오고 나서부터, 이 마을은 더욱 활기를 띠었다. 힘든 일을 마다하지 않는 그의 모습을 보고 할머니, 할아버지들은 침이 마르도록 박계몽 씨를 칭찬했다. 그러던 중 겨울이 찾아들었다.

모든 일이 순조롭게 흘러간다고 생각했는데, 그게 아니었다. 겨울이라 비가 오는 날이 거의 줄어들더니, 이제는 거의 한 달째 비 구경을 못하고 있었다. 바로, 이름만 듣던 겨울가뭄이었다.

겨울가뭄이 심해지자, 박계몽 씨는 어느 날 이른 새벽, 혼자 인근에 있는 높은 산으로 올라갔다. 혼자서 끙끙대며 동이 틀 때까지 밭과 산을 몇 번을 왔다 갔다 하면서, 산에 있는 눈으로 보리밭을 모두 덮어 버렸다.

아침이 되자, 할머니 할아버지들은 하나둘 보리밭에 일을 하러 나오기 시작했다.

"아니, 청각. 지금 이게 무슨 짓이여!"

"아, 할머니. 그게 아니라, 보리밭 위에 눈을 덮어 놓은 것은……"

"그라믄 일부러 눈을 덮어 놓은 거라 이 말이여."

"그게 보리에게 더 좋은 일이 된답니다."

"보리 야들이 안 그래도 추버 죽을라 카는데, 지금 그 춥다 카는 애들 위에다가 눈을 덮어 뿌리는 거시 더 좋다고라?"

"믿으실 순 없겠지만 정말입니다."

"지금 내가 늙은 할머니라꼬 얕보는 거이재. 이놈의 짜슥. 우리 마을을 살리라고 온 줄 알았드만, 아니었네. 아이고. 우리 보리농사 망해 뿌믄 먹을 거라고 하나 없는데. 우짜꼬, 우짜꼬."

할머니와 할아버지들의 원망은 높아지기만 했다. 아무리 박계몽 씨가 그게 아니라고 해명해도 결코 들으려고 하지 않았다. 결국 화가 난 할머니 할아버지들은 농사를 망쳐 놓은 죄로, 박계몽 씨를 지구법정에 고소하였다.

보리 씨 위에 눈이 쌓이면 눈이 보온 효과를 내어 보리 씨도 얼어 죽지 않고 적당한 수분을 공급받을 수 있기 때문에 봄에 싹이 잘 자라납니다.

눈과 보리농사는 어떤 관계가 있을까요?

지구법정에서 알아봅시다.

원고 측 변론하세요.

이번 사건은 정말 못된 녀석이 저지른 짓이라고밖에 할 수 없습니다. 박계몽 씨는 할머니, 할아버지들의 여린 마음을 이용하여 농사를 도우는 척하고서, 가장 중요한 시기에 농사를 망쳐 버린 것입니다. 안 그래도 겨울가뭄이 심해져, 할머니, 할아버지들은 보리가 제대로 싹을 틔우지 못할까 봐 염려하고 있었습니다. 그런데 박계몽 씨가 그 위에다 눈을 덮어 버림으로써 완전히 보리 씨를 얼려 죽인 것입니다. 이게 말이 되는 일입니까? 안 그래도 살기 힘든 할머니 할아버지들의 일을 도와도 모자랄 이 판국에, 농사를 완전히 망쳐 버리다니요.

농사를 망치다니요. 박계몽 씨는 그럴 의도로 보리밭에 눈을 덮은 것이 아닙니다.

보리 씨를 얼려 죽일 작정이 아니고서야, 이 추운 날씨에 밭 위에다가 눈을 덮는다는 게 말이나 될 법한 이야깁니까? 박계몽 씨가 할머니 할아버지들을 만만히 보고서 이런 것 아닙니까.

아닙니다. 왜 박계몽 씨가 그런 일을 했겠습니까?

그게 제가 묻고 싶은 바입니다. 왜 그렇게 못된 짓을 하셨는지.

일단 여러분들의 오해를 풀어드리기 위해, 과학공화국 농사 관리 협회장을 맡고 계신 이쟁기 씨를 증인으로 요청합니다.

두 변호사의 거침없는 언쟁에 조금은 기가 눌린 듯, 이쟁기 씨가 고개를 숙이고 터벅터벅 걸어 와 증인석에 앉았다.

이쟁기 씨, 증인은 무슨 일을 하고 있지요?

과학공화국의 농업 실태를 자세히 파악하고 연구하는 일을 하고 있습니다.

이번 사건에 대해서 몇 가지 물어보고 싶은 게 있어서, 이렇게 급히 이쟁기 씨를 모셨습니다.

네, 뭐든지 물어보십시오.

한 농촌 지도자라는 청년이 보리밭 위에다가 눈을 가득 쌓아 놓고, 그게 다 농사가 잘되게 하기 위해서였다고 주장하고 있습니다.

네, 그게 뭐가 문제지요?

문제지요. 안 그래도 겨울 가뭄으로 고민하고 있는데, 거기다 보리 싹도 못 트도록 눈을 덮어 버렸으니.

아닙니다. 지금 뭔가 오해가 있으신가 본데, 옛날부터 겨울에 눈이 많이 오면 보리농사는 풍작이라는 말이 있지요.

그건 옛말일 뿐이지요.

아닙니다. 보리 씨 위에 눈이 쌓이면 눈이 보온 효과를 내지요. 외부 온도가 영하 10도 이하라도 눈의 보온 효과 덕분에 눈 속은 영하 1~2도 정도밖에 안 되는 겁니다.

아. 그래서 박계몽 씨가 눈을 보리밭에 덮은 거였군요.

그렇지요. 그러면 보리 씨는 얼어 죽지 않고 적당한 수분을 공급받을 수 있기 때문에 봄에 싹이 잘 자라나 풍년이 된다 이 말이지요.

이야! 눈을 덮는 것이 그럼 보리에게 무척 좋은 일이 되는 거군요.

그럼요. 그뿐만 아니라 눈은 공기 중의 질소화합물을 흡수합니다. 이것이 눈과 함께 땅속으로 스며들어 비료 역할을 하기까지 하지요.

고맙습니다. 존경하는 판사님. 제 변론은 생략하겠습니다.

판결합니다. 박계몽 씨가 왜 새벽부터 힘들게 인근에 있는 산에서 눈을 퍼 와서 보리밭에 덮어 놓았는지 이제 모두들 이해하셨을 것입니다. 할아버지 할머니의 농사가 더 잘되기를 바라면서, 열심히 일한 박계몽 씨의 마음을 다들 알아 주셨으면 좋겠습니다.

재판 후, 박계몽 씨는 할머니 할아버지들의 정말 아낌없는 사랑

을 받았다. 박계몽 씨는 할머니 할아버지들이 자신을 믿어 주지 않는다고 서운해하고 이 마을을 떠날 수도 있는 일이었다. 그러나 그는 오히려 예전보다 더욱 열심히 일하였다. 할머니, 할아버지는 뭐든 수확하기만 하면, 박계몽 씨에게 줄 거부터 챙겨 주었다. 그래서 박계몽 씨는 자신의 밭에서 작물들을 기르는 것도 아닌데, 그의 냉장고를 열어보면 감자, 고구마, 보리, 쌀, 수박, 참외, 토마토 등 늘 밭에서 난 신선한 야채와 과일들로 가득했다.

보리농사와 눈 관련 속담

- 쥐구멍에 눈 들어가면 보리농사 흉년된다
- 겨울에 눈이 많이 오면 보리 풍년이 든다.

안개랑 구름이랑

안개와 구름은 같은 것인가요?

이기후 씨는 요즘 하늘을 보는 재미에 푹 빠져 있다. 최근에 아마추어 기상학자의 길로 들어선 이기후 씨는 하늘을 보며, 구름의 움직임을 판단하고, 그날의 날씨를 예상해 보는 것이 가장 큰 즐거움이었다.

원래 이기후 씨는 음악을 사랑하는 음악도였다. 노래 가사에 음을 붙이고, 그 음에 맞는 가사를 지어 주는 일을 하였다. 그러던 그가 갑자기 아마추어 기상학자의 길로 들어선 건 우연한 기회였다.

어느 날 이기후 씨 옆을 스쳐 지나가던 한 할아버지가 아침에 안개가 가득 끼어 있는 것을 보고는, "오늘 낮에는 무척이나 덥겠구나"라고 얘기했다. 너무나 신기하게도 그 할아버지의 말은 적중했다. 사소한 환경의 변화만으로도 그날의 날씨를 짐작할 수 있다는 게 이기후 씨에게는 매우 매력적으로 느껴졌다.

우연히 그 할아버지를 다시 만나게 된 이기후 씨는 할아버지에게 물었다.

"할아버지, 할아버지는 그런 걸 어떻게 맞추셨어요?"

"난 예전에 기상학자였거든. 날씨라는 것이 이렇게 신기하고도 신비로운 것이지."

그 뒤부터 이기후 씨는 기상학을 공부하기 시작했다. 하늘만 보고 날씨를 짐작하는 일이 마치 마술과 같은 놀라운 능력처럼 느껴졌다.

이기후 씨는 매일 기상학 책들을 읽으며, 다양한 연구를 했다. 그러던 어느 날 친구들이 모이는 만찬 자리에서 자신이 연구한 것을 알려 줘야겠다고 결심하기에 이르렀다.

하나둘 친구들이 모습을 드러내기 시작했다. 음악도인 이기후 씨가 돌연 기상학자로 변신한 것은 친구들에게도 화젯거리가 되고 있었다.

"기후야, 너 기상학자로 돌변했다며?"

"이야, 녀석. 넌 음악가 한다고 할 때부터 우리를 깜짝 놀라게 하더니, 이제는 기상학자야. 대단하다, 대단해."

"기상학은 어때? 할 만해?"

친구들은 기상학자로 변신한 이기후 씨를 조금은 신기한 듯, 조금은 의아한 듯 바라보았다. 기후 씨 역시 그런 시선이 싫지만은 않았다. 오히려 기상학자로서 오늘 발표할 내용에 대한 친구들의 반응이 더욱더 기대되기만 하였다.

"오늘은 너희들에게 알려 줄 나의 연구 결과가 있어. 모두들 깜짝 놀랄걸."

"정말? 이야, 벌써부터 기대되는걸."

이기후 씨는 마냥 신이 난 아이처럼 들떠 있었다. 친구들이 모두 모이자, 기후 씨는 드디어 연단 위에 올라섰다.

"친구들아, 정말 반갑대이. 오랜만에 너희를 보니, 사투리가 절로 나온다. 어이쿠. 영희야, 많이 이뻐졌대이. 그래, 내가 오늘 기상학자로서 너희한테 한마디 해주고 싶은 말이 있어서 이 자리에 올라오지 않았겠나."

"이야, 서론이 길다. 궁금하니, 빨리 말해봐."

"그게 뭐냐 하면 말이지. 너희는 안개랑 구름이 전혀 다른 거라고 생각하고 지내왔잖아. 근데 기상학자 이기후 왈, 그 둘은 완전히 똑같은 것이다 이 말이야."

"말도 안 돼."

"에이. 그건 좀 아니다. 어떻게 안개랑 구름이 똑같냐."

이기후 씨는 열렬히 환호할 줄 알았던 친구들이 의혹의 눈초리를 보내자 당황했다.

"어어. 이것들 봐래이. 너희 내 말을 안 믿는다 이거지?"

"기후야. 솔직히 그건 아니다. 어떻게 땅바닥에 있는 안개랑 하늘에 있는 구름이 같을 수가 있겠냐. 기상학 공부를 좀 더 해야 하는 거 아냐."

이기후 씨는 친구들의 그런 반응에 점점 화가 났다.

"아니, 지금 너네 내 말을 못 믿는 거가. 전부 다 밖으로 나와 봐라. 지금 당장!"

그는 친구들을 밖으로 불러내서는 앞에 보이는 산을 함께 오르자고 제안했다. 친구들은 모두 황당하다는 듯 웃어댔지만, 이기후 씨의 표정은 그 누구보다 진지했다. 결국 이기후 씨가 조르고 또 조르자, 친구들은 못 이기는 척 산을 오르기 시작했다. 물론 왜 산에 올라야 하는지 아는 이는 아무도 없었다. 그저, 이기후 씨가 너무나도 간절히 산에 오를 것을 요청하기에, 그의 비위를 맞춰 주기 위한 친구들의 방책일 뿐이었다.

뜬금없이 산행에 나서 한참을 헉헉대며 산을 오르던 친구들은 다들 지쳐 가고 있었다. 말없이 선두로 꿋꿋이 산을 저벅저벅 올라가던 이기후 씨가 그제야 말문을 열었다.

"애들아, 이제 알겠니?"

"헉헉. 뭘 말이야. 대체?"

"밑에서 봤을 때는 그냥 산에 걸쳐 있던 구름이었잖아. 근데 여기까지 올라오니 어때? 안개 속을 걷는 것처럼 느껴지지 않아?"

"그럼…… 설마, 너 혹시 이거 설명하려고 지금 우리를 여기까지 끌고 온 거란 말이야?"

"당연하지. 설마 그 눈빛은 아직도 날 못 믿겠단 뜻이야?"

"아니, 그게 아니라…… 넌 이제 막 기상학 공부를 시작한 초보 기상학자라고. 당연히 모르는 게 있는 게 맞아. 제발 그 논쟁은 그만하자. 구름은 구름일 뿐, 안개는 안개일 뿐. 이제 인정 좀 하자. 응?"

이기후 씨는 너무나 화가 났다. 친구들이 자신을 인정해 주지 않으면 누가 인정해 주나 하는 생각에 더욱 서글펐다.

"좋아, 그럼 지구법정에서 시시비비를 가려 보자고. 좋아. 구름과 안개가 전혀 다른 건지, 같은 건지."

친구들은 모두 어안이 벙벙한 표정을 지었지만, 그래도 이기후 씨는 자신의 고집을 꺾지 않았다. 결국 그렇게, 이기후 씨는 지구법정에 재판을 부탁하였다.

온도가 높은 낮에는 공기가 많은 양의 수증기를 머금을 수 있어 구름의 형태를 유지하지만, 온도가 낮은 밤에는 공기가 수증기를 머금을 수 있는 양이 적습니다. 따라서 수증기가 되지 못하고 물방울 상태로 떠다니는 것이 바로 안개입니다.

안개와 구름은 어떤 관계가 있을까요?

지구법정에서 알아봅시다.

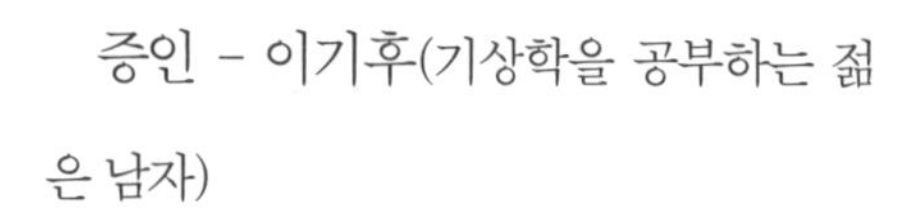

증인 - 이기후(기상학을 공부하는 젊은 남자)

재판을 시작합니다. 지치 변호사 변론하세요.

일단 이기후 씨에게 물어보고 싶은 것이 몇 가지 있는데요.

좋으실 대로요.

이기후 씨, 당신은 기상학을 공부한 지 얼마나 됐습니까?

한 달쯤 됐지요.

하하하하. 한 달이라고요?

지금 절 무시하시는 듯한 웃음이시군요.

아뇨. 아뇨. 전혀 그렇지 않습니다. 그럼 그간 연구를 하셨다 해도 고작 한 달이시군요.

지금 한 달 동안 제가 얼마나 기상학에 매달렸는지 몰라서 하시는 말씀입니다.

하하. 그래 봤자, 한 달 아닙니까. 10년, 20년을 기상학을 연구하는 사람도 있습니다.

그래서요?

뭐, 제 말은 그 경력에 나온 연구 결과가 과연 신빙성이 있는가 하는 것입니다.

모르시면서 함부로 말씀하시는 거 아닙니다. 제가 도저히 참을 수가 없어서 한 말씀 드리겠습니다.

아니, 제가 무슨 잘못을 했다고요?

지금 저희 증인을 무시하는 발언을 하시지 않으셨습니까?

땅땅땅. 진정하십시오. 두 분 다 서로를 공격하는 발언은 자제해 주시기 바랍니다. 재판에 꼭 필요한 말씀만 해 주십시오.

죄송합니다.

그러게, 누가 변호하고 있는데 끼어들래.

이걸 확.

어허.

지금 이기후 씨는 안개와 구름은 같은 것이라고 주장하고 있습니다. 그러나 그 연구는 고작 기상학을 공부한 지 한 달된 기상학자의 입에서 나온 말입니다. 전혀 신빙성이 없는 말로 보입니다.

지치 변호사 말 끝났으면, 제가 변론하겠습니다.

좋으실 대로.

지치 변호사, 안개에 타 본 적 있습니까?

하하. 장난치십니까? 안개에 타다니요.

수증기가 뭐예요?

수증기란 온도나 압력에 의해 액체 상태의 물이 무색, 무취의 투명 기체로 변한 상태를 뜻합니다. 공기 중에는 평균 0.001%의 수증기가 포함되어 있으며, 공기 중의 수증기 양을 나타낸 것을 습도라고 합니다.

포화 수증기는 뭔가요?

포화 수증기란 일정한 온도에서 일정한 부피의 공간이 함유할 수 있는 수증기 양의 한계를 뜻합니다.

이제 어쓰 변호사도 이상해지는군요.

그럼, 구름에는 타 본 적 있습니까?

당연히 없지요. 구름이나 안개에 어떻게 탈 수 있단 말입니까?

그렇습니다. 같은 성질을 가지고 있는 안개와 구름은 분명 완전히 똑같은 것입니다. 구름과 안개는 수증기가 아니라 김과 같은 것이지요.

하하, 장난치십니까? 김과 같은 것이라고요? 이제는 구름이 안개랑 똑같다고 주장하는 것도 모자라 김과 같은 것이라니, 하하하. 어쓰 변호사는 이기후 씨보다 더하군요. 더해.

모르시는 말씀이십니다. 이 재판에 오기 전 10년 동안 기상학자 생활을 해 오신 박상기 박사님께 미리 자문을 구해 왔습니다. 그분의 말씀을 들어보도록 하지요.

라디오

으흠. 이거 지금 녹음되고 있는 겁니까? 아, 이런 건 또 처음 해 보는 거라 많이 떨리는데요. 하하. 이걸 어떻게 해야 된다고요. 아, 지금 말하라고요. 안 그래도 지금 말하려고 하지 않습니까? 그러니까, 아, 저는 기상학자 박상기입니다. 허허. 이거 참 쑥스럽구만. 구름과 안개는 수증기라고 착각하기 쉬운데, 사실은 수증기가 아니라 김과 같은 것입니다. 잘 듣고 있지요? 김과 같다는 건 무슨 말

이냐 하면, 뜨거워진 물방울들이 가벼워져서 둥둥 떠다니는 현상이 라고 할 수 있지요. 이것이 햇빛을 반사하니 희뿌옇게 보이는 것이지요. 그럼 안개는 왜 생기느냐? 그게 궁금하시겠지요. 낮에는 공기의 온도가 높아 공기에 수증기가 많이 들어 있지요. 그러나 밤에는 수증기가 적지요. 온도가 내려가면 공기가 수증기를 포함할 수 있는 상태(포화 상태)를 넘기 때문에 더 이상 수증기가 되지 못하고 응결되어 물방울 상태로 공기 중에 떠다니는 것이랍니다. 이것이 바로 안개지요.

다들 이해가 되셨습니까?

제 말이 바로 그 말이었습니다. 그런데 도대체 믿어주는 이가 있어야지요. 나 원 참. 다들 왜 그리 못 믿는지.

이기후 기상학자께서 준비한 작은 실험이 있다고 들었는데요?

아, 맞습니다. 안개를 어떻게 만드는지 보여 드리려고요. 그래야 왜 구름이랑 안개랑 김이 같은 건지 다들 이해하실 것 같아서.

제가 뭐 도와드릴 건 있습니까?

 일단 더운 물을 좀 준비해 주십시오.

 그건 벌써 준비해 두었지요.

 아하. 그럼 한 번 실험을 해 볼까요? 일단 더운 물로 유리병을 헹굽니다. 그런 다음엔 병 안에 이렇게 약간 뜨거운 물을 넣는 거지요. 그리고 이제 그 입구를 얼음으로 막도록 하겠습니다. 자, 이제 백열등으로 병을 비춰 주면 끝입니다. 보십시오. 자, 안개가 보이십니까?

수증기의 또 다른 얼굴, 김!

주전자에 물을 넣어 끓이면 주전자 주변으로 백색의 '김'이 발생하는 것을 볼 수 있습니다. 이것은 수증기가 상대적으로 온도가 낮은 공기와 접촉하면서 일부가 작은 물방울 형태로 변한 것입니다.

 어, 정말 안개처럼 보이네.

 그렇지요. 수증기가 얼음과 만나 차가워져서 응결되어 작은 물방울이 생긴 것이지요. 이것이 바로 안개가 되는 겁니다.

판사님, 박상기 박사님과 이기후 기상학자가 보여 준 실험만으로도 아직 부족하다고 느끼시는 건 아니겠죠?

 퍼펙트!! 더 이상 판결할 내용이 없습니다. 오늘은 '안개=구름'이라는 사실이 만천하에 폭로된 날이군요. 이걸로 더 이상 안개와 구름에 대한 논쟁은 없었으면 합니다.

과학성적 끌어올리기

안개와 서리

구름

구름은 어떻게 만들어질까요? 땅이나 바다에 있던 수증기를 많이 머금은 공기가 위로 올라가면 구름이 만들어집니다. 왜 수증기를 머금은 공기는 위로 올라가는 걸까요? 공기가 더워지면 공기의

공기가 이동하다가 높은 산 만나게 되는 경우

지표면이 부분적으로 가열되는 경우

공기가 사방에서 모여드는 경우

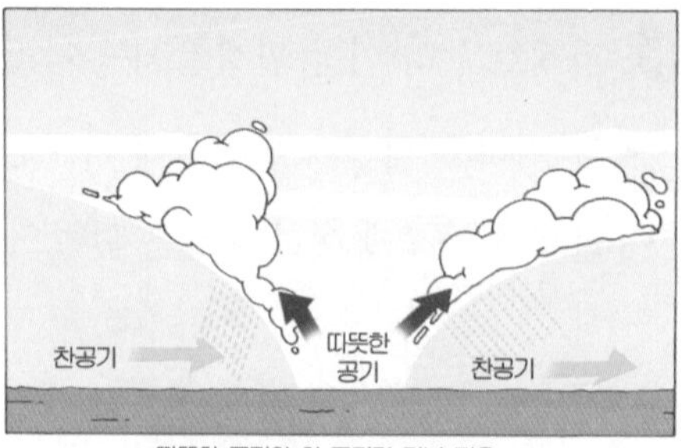

따뜻한 공기와 찬 공기가 만날 경우

공기의 상승과 구름의 형성

과학성적 끌어올리기

부피가 팽창하기 때문입니다. 팽창한 공기는 밀도가 작아서 위로 올라갑니다. 그렇지만 위로 올라갈수록 공기는 다른 차가운 공기와 부딪치면서 열을 빼앗기고 자신도 차가워지는데, 이렇게 해서 위로 올라간 공기가 이슬점 이하로 냉각되면 공기 속 수증기가 응결하여 물방울이 됩니다.

주위보다 기압이 낮은 저기압 지역에서는 주위의 공기들이 몰려드는데, 그 몰려든 공기들이 위로 올라갑니다. 그래서 구름이 만들어지고 흐린 날씨가 됩니다. 반대로 고기압의 중심 지역은 주위로 공기가 빠져나가니까 위로 올라갈 공기가 없어 구름이 생기지 않으므로 맑은 날씨가 되는 것이죠.

찬 공기와 따뜻한 공기가 만나면 어떻게 될까요?

찬 공기는 무거우니까 아래쪽에 있고 뜨거운 공기는 가벼우니까 위에 있습니다. 그런데 가만히 있는 찬 공기에 따뜻한 공기가 밀려오면 따뜻한 공기는 아래에 있는 찬 공기를 타고 완만하게 위로 올라갑니다. 그러면서 구름이 넓게 수평으로 퍼지는 층운이 만들어지는 것이죠.

밀려온 찬 공기는 뜨거운 공기의 아래를 파고드니까 깜짝 놀란 뜨거운 공기는 급하게 위로 치솟아 버립니다. 그래서 좁은 지역에 위로 높게 치솟은 적운이 만들어지는 것입니다.

안개와 구름은 같은 것인가요?

거의 같다고 볼 수 있습니다. 수증기가 응결되면 물방울이 생기는데, 그게 하늘에 생기면 구름이고 바닥에 생기면 안개인 것입니다. 밑에서는 구름으로 보이던 것이 높은 산을 올라가면 바로 안개가 되니까요.

왜 지표면 가까운 곳에 안개가 생길까요? 구름이 없는 맑은 날 밤에는 지표면이 급하게 차가워집니다. 그럼 지표면에 있던 수증기들이 갑자기 응결되어 안개가 되는 거죠. 그러다가 해가 떠서 더워지면 안개는 사라집니다.

제3장

기상 현상에 관한 사건

고혈압 환자와 고층 아파트

고혈압 환자가 높은 곳에 살아도 괜찮을까요?

푸르오지 아파트는 이번에 새롭게 짓고 있는 아파트다. 과학공화국 도이치 시에서 가장 큰 단지가 될 푸르오지 아파트 단지는, 처음 설계 단계에서부터 많은 사람들의 관심을 한 몸에 받았다. 그리고 모델하우스가 설치되자 많은 사람들이 그 아파트를 분양받기 위해 모여들었다. 빽빽한 인파 속에는 갓 결혼한 듯 보이는 신혼부부부터, 이제 손자의 결혼을 앞두고 있는 할아버지 할머니까지 다양한 사람들이 모여들었다.

이 아파트는 단지 내 아파트 수만 320동에 이르고, 아파트 층수도 모두 30층짜리였다. 엄청난 가구가 살게 될 거대 아파트 단지인 것이다.

역시 대규모 아파트 단지이다 보니, 다양한 편의시설이 단지 내에 같이 설립될 계획이었다. 수영장에서 대나무 숲, 그리고 찜질방, 백화점에 이르기까지, 그 단지 내에서도 충분히 생활할 수 있게끔 구성되어 있었다. 어쩌면 그러한 편리함 때문에 많은 사람들이 몰려드는 것일지도 모른다.

모델하우스에는 사람들의 줄이 끝없이 늘어져 있고, 그중에 김블러 씨도 섞여 있었다. 김블러 씨는 푸르오지 아파트에 살기 위해 예전부터 끊임없이 저축하고 아끼고 또 아끼며 살아왔다. 그래서 누구보다 기쁜 마음으로 푸르오지 아파트를 분양받기 위해 줄을 서서 기다리고 있었다.

그런데 그는 최근 고혈압으로 고생 아닌 고생을 하고 있었다. 그래서 어서 빨리 모델하우스에서 아파트를 분양받고, 조금 쉬고 싶은 마음이 간절했다.

"자, 다음 분, 이쪽 자리에 앉으세요. 성함이 어떻게 되시죠?"

"김블러입니다. 저, 근데 바로 집을 분양받고 싶은데요."

"네, 알겠습니다. 그럼 아파트 몇 동을 원하시죠?"

"전 버스 정류장에서 가장 가까운 118동에 배정받고 싶은데요."

"네, 아직 118동엔 여유 분양분이 있으니 그렇게 하도록 할게요."

"그리고, 전 3층에 들어가고 싶은데요."

"아, 고객님. 아직 층수는 고르실 수 없거든요."

"왜 우리 집인데, 층수도 못 정한단 말이에요?"

"워낙 아파트가 인기가 많아서, 층수는 모든 아파트 분양이 끝난 후, 추첨을 통해 결정하기로 했습니다."

"아니, 이 봐요 아가씨. 실은 내가 고혈압이 있거든요. 그래서 층이 높으면 안 돼요. 그니까 그냥 3층에 넣어 줘요."

"아, 정말 죄송합니다. 그건 제가 어떻게 할 수 있는 부분이 아니라서."

결국 김블러 씨는 실랑이를 하였지만, 그냥 추첨을 통해서 집 층수를 확인하라는 얘기밖에 들을 수 없었다. 어쩔 수 없이, 김블러 씨는 허탈해하며, 집에 돌아갔다.

마침내 푸르오지 아파트의 분양이 끝나고, 각 아파트 분양자들에게 층수 배정이 있을 터이니 추첨을 하러 오라는 연락이 왔다. 김블러 씨는 두근거리는 마음으로 달려갔다. 그러나 추첨을 통해서 그에게 분양된 아파트의 층수는 무려 30층이었다. 그에게는 엄청난 좌절이었다. 안 그래도 고혈압으로 고생을 하고 있는데, 30층에서 어떻게 사나 싶었던 것이다.

그렇지만 이미 추첨이 끝난 상태라, 집을 바꿀 수 있는 방법이 없었다. 그래서 결국 김블러 씨는 30층으로 이사를 하고, 며칠을 지냈다. 하지만 그의 몸은 점점 나빠졌다.

"내가 왜 이런 고생을 해야 하는 거야. 나쁜 분양 사무소 같으니!"

몸이 힘들어지자, 마음도 점점 힘들어져만 갔다. 그래서 결국 마음이 지친 김블러 씨는 분양 사무소를 고소하기에 이르렀다. 자신의 고혈압을 더 심하게 만들고 있다는 이유로 말이다.

높은 곳으로 올라갈수록 공기가 희박해지기 때문에
공기가 누르는 힘인 기압도 내려갑니다. 그런데 사람이
높은 곳으로 올라가면 폐로 가는 동맥의 혈압이 높아지면서 호흡이
가빠지기 때문에 고혈압 환자에게는 위험할 수 있습니다.

고혈압 환자와 고층 아파트는 어떤 관계가 있을까요?

지구법정에서 알아봅시다.

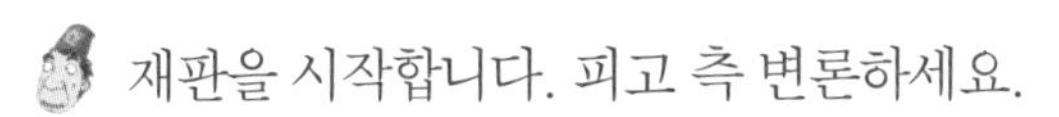

재판을 시작합니다. 피고 측 변론하세요.

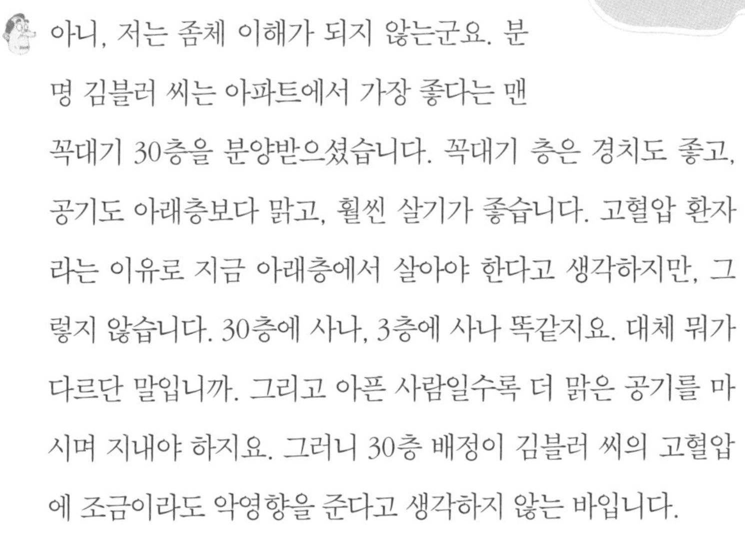

아니, 저는 좀체 이해가 되지 않는군요. 분명 김블러 씨는 아파트에서 가장 좋다는 맨 꼭대기 30층을 분양받으셨습니다. 꼭대기 층은 경치도 좋고, 공기도 아래층보다 맑고, 훨씬 살기가 좋습니다. 고혈압 환자라는 이유로 지금 아래층에서 살아야 한다고 생각하지만, 그렇지 않습니다. 30층에 사나, 3층에 사나 똑같지요. 대체 뭐가 다르단 말입니까. 그리고 아픈 사람일수록 더 맑은 공기를 마시며 지내야 하지요. 그러니 30층 배정이 김블러 씨의 고혈압에 조금이라도 악영향을 준다고 생각하지 않는 바입니다.

그럼, 원고 측 변론하세요.

과연 그럴까요?

또 모르면서 아는 척하시긴요.

모르다니요. 지금 절 뭐로 보고 하시는 말씀이십니까?

솔직히, 입은 삐뚤어져도 말은 바로 하랬다고. 내가 뭐, 증인 내세워서 설명한 적 있습니까? 난 늘 내가 생각하는 바대로 법정에서 끌어 나가지요. 그런데 어쓰 변호사는 아는 게 없으니 만날 증인이나 요청하고 그런 것 아니오.

무슨 섭섭한 말씀을. 전, 여러분들을 좀 더 쉽게 이해시키기 위한 거란 말이오.

그런 핑계를 대다니. 솔직히 늘 증인에게서 자신도 몰랐던 얘기들을 듣고 그제야 정리해서 얘기하는 거 아니오.

어허. 이거 나 원 참. 그럼 이번에는 증인을 부르지 않고, 내가 직접 이야기해 보도록 하지요. 지치 변호사! 분명 판결이 끝나고 나면 괜히 저의 자존심을 건드렸다고 후회하게 되실 겁니다. 두고 봅시다.

글쎄올시다. 두고 보자는 사람치고 무서운 사람 하나 없던데.

각 원고 측, 피고 측 변호사는 웬만하면 사건과 관련 있는 이야기만 해주시기 바랍니다.

아, 판사님. 죄송합니다. 일단, 고혈압 환자에게 층수는 무척이나 민감한 문제가 아닐 수 없습니다.

그러니까 높은 층일수록 좋은 거라니까요. 공기도 맑고, 전망도 좋고, 그래야 빨리 낫지요.

글쎄요. 지치 변호사는 사람이 가장 쾌적하게 느끼는 환경이 어떤지 알고 있소?

그게 지금 무슨 상관이란 말이오. 그리고 사람이 가장 쾌적하게 느끼는 환경은 마누라가 없는 환경이지요.

음음. 지치 변호사. 그게 아니라, 사람이 가장 쾌적하게 느끼

는 온도는 섭씨 21도지요. 이때 혈액 순환도 활발히 일어나고요. 습도는 60~65퍼센트일 때 활동하기 가장 좋지요. 그렇다면 제일 마지막으로, 기압은요?

뭐, 기압은 당연히 1기압일 때 쾌적하게 느끼겠지요. 우리가 벌써 1기압에 적응해 있기 때문이지요.

맞습니다. 제가 할 이야기를 지치 변호사가 다 얘기해 주는군요. 좀 더 부연 설명하자면 높은 산을 올라가는 경우를 생각하면 됩니다. 높은 산으로 올라가면 기압이 낮아지지요. 기압은 공기의 무게가 만든 압력인데, 위로 올라갈수록 공기가 희박해지기 때문에 기압이 내려가는 거지요. 이렇게 높은 곳으로 올라가면 사람은 폐로 가는 동맥의 혈압이 높아지면서 폐 기능이 떨어지고, 이로 인해 호흡이 가빠지거나 답답해지지요. 그러므로 혈압이 높은 환자에게 높은 산을 오르게 하는 것은 위험합니다. 고층 건물도 마찬가지로 고혈압 환자에게는 썩 좋지 않은 환경이라는 게 저의 주장입니다.

지금까지의 논의로 보아 사람들은 세 가지 조건이 모두 충족될 때 쾌적하게 느낀다고 볼 수 있습니다. 그런데 고층으로 올라가면 어떻게 되겠습니까? 고층으로 올라가면 기압이 낮아지지요. 따라서 고혈압 환자에게는 갑자기 위험이 찾아올지도 모르는 일입니다. 그러므로 고혈압 환자에게 30층은 쾌적한 환경이기는커녕, 힘든 환경이 될 것입니다. 따라서 김블러 씨

가 분양 사무소에서 분명 자신의 사정을 말했음에도 추첨을 통해서 방을 배정하여, 김블러 씨의 고혈압 상태를 더욱 악화시켰으므로, 실질적 피해 보상비와 정신적 피해 보상비까지 줄 것을 판결하는 바입니다.

벼락과 나무

벼락도 좋아하는 나무가 있을까요?

"랄랄라 랄라라 랄라랄랄라."

아이들의 즐거운 노랫소리가 트리 수목원을 가득 채웠다. 트리 수목원에는 다양한 종류의 나무가 있어서, 아이들이 체험 학습을 하며 식물들에 대해 배우기 좋은 곳이었다. 햇살 유치원에서도 오늘 트리 수목원으로 소풍을 온 것이었다.

"선생님, 저 나무는 뭐예요?"

"저 나무는 참나무예요."

"선생님, 그럼 저 옆의 옆에 나무는 뭐예요?"

"저건 너도밤나무란다."

"하하하. 밤나무도 아니고 너도 밤나무래."

"그럼, 네가 예린이니까, 그 옆에 있는 나는 나도예린이네. 쿠쿠"

"여러분, 수목원에 오니까 신나죠?"

"네……."

"자, 그럼 줄을 잘 서서, 앞에 친구들도 잘 따라가고 나무들도 구경하고, 나중에 맛있게 싸온 점심도 먹어요."

"네…… 와……."

아이들은 하나같이 들떠 있었다. 햇살 유치원의 나빛나 선생님 역시 아이들 못지않게 신이 나 있었다. 물론 아침에는 하늘에 구름이 가득하여 내심 걱정을 하였는데, 다시 날씨가 맑아져서 이제야 조금 안심을 하게 된 것이었다.

점심을 먹을 때가 되자, 다시 날씨가 조금씩 흐려지기 시작했다.

"어, 선생님. 방금 물방울이 떨어졌어요."

"비가 오려나 봐요."

나빛나 선생님은 슬슬 걱정이 되기 시작하였다. 물론 아이들 부모님께 혹시 비가 올지 모르니 우산을 챙겨 달라는 말도 하기는 했지만, 비가 오면 아이들을 통솔하기가 더욱 힘들 것만 같았다.

그렇게 한두 방울 떨어지던 빗물은 갑자기 억세게 퍼붓더니, 이제 번개까지 치기 시작했다.

"선생님. 꺄악! 무서워 죽겠어요."

"엉엉. 선생님…… 엉엉. 집에 가요."

아이들은 갑자기 치는 천둥 번개에 깜짝 놀란 듯하였다. 나빛나 선생님은 아이들을 데리고 비와 천둥번개를 피할 만한 곳을 찾았다.

'숲으로 들어가면 비도 맞지 않을 테니 가까운 숲을 찾아보자. 음. 그래, 좋아. 저기 참나무 숲에서 아이들과 비가 그칠 때까지 기다리자.'

나빛나 선생님은 아이들을 참나무 숲으로 데리고 갔다. 울창한 잎들이 퍼붓는 빗방울을 많이 막아 주고 있었다. 나빛나 선생님이 자신의 선택을 뿌듯해하며, 아이들의 두려움을 없애 주고 있는 찰나, 벼락이 치는 것이었다.

"꺄아아아아아아아아아아아아아아악……."

아이들의 비명이 연이어 터져 나왔다. 이상하게도 다른 나무들이 있는 곳은 괜찮은데, 아이들이 참나무 숲에 숨어 있는 걸 하늘이 아는지 유독 참나무 쪽으로만 벼락이 떨어졌다. 아이들은 모두 공포에 떨었다.

"엉엉엉. 선생님. 제가 어제 동생 얼굴에 낙서한 걸 하늘이 아는가 봐요. 자꾸 우리한테만 벼락이 떨어져요. 엉엉엉. 무서워 죽을 것 같아요."

아이들은 안절부절 어쩌지를 못했다. 나빛나 선생님도 어떻게 해야 할지를 몰랐다. 그렇게 공포의 시간이 지나갔다. 서서히 날씨가 개고, 비가 그쳐 갔지만, 아이들의 놀란 가슴은 쉽게 가라앉지 않았다. 결국 아이들 중 3분의 2가 너무나 놀라서 병원에 입원해야만 했다.

햇살 유치원에 대한 학부모들의 항의가 이어졌다. 특히 병원에 입원한 아이들의 부모는, 이제 유치원을 옮기겠다며 햇살 유치원에 대한 강한 불신을 표시했다. 그뿐만 아니라 학부모들은 아동안전 대책위원회에 햇살유치원의 나빛나 선생님에 대한 청문회를 의뢰하였으며, 청문회는 지구법정에서 열리게 되었다.

번개는 구름의 아래가 음의 전기를 띠고 땅이 양의 전기를 띠면서 구름 속에 있던 전자들이 땅으로 쏟아져 내리는 현상입니다.

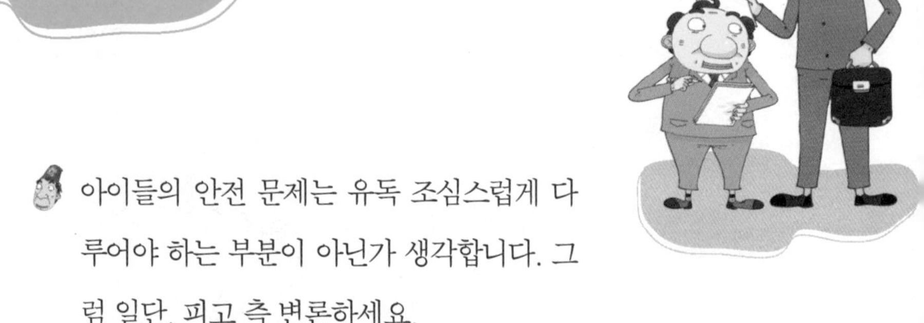

벼락과 나무의 종류는 어떤 관계가 있을까요?
지구법정에서 알아봅시다.

아이들의 안전 문제는 유독 조심스럽게 다루어야 하는 부분이 아닌가 생각합니다. 그럼 일단, 피고 측 변론하세요.

병원에 입원해 있는 햇살 유치원 친구들에게 애석함을 표합니다. 그러나 햇살 유치원의 인솔자 나빛나 선생님은 아이들에게 최선을 다했습니다. 아이들이 비와 천둥번개를 피할 만한 숲을 찾아서 다 함께 피할 수 있도록 해주었습니다. 하필 아이들이 있는 곳에 벼락이 많이 떨어진 것은 정말 애석하게 생각합니다. 그렇지만 그건 천재지변이지 않습니까? 선생님이 벼락이 떨어지지 않도록 막을 수도 없고. 교사는 자신이 할 수 있는 범위 안에서 정말 최선을 다했다고 생각합니다.

좋습니다. 원고 측 변론하세요.

저는 트리 수목원의 나무 관리사 진양해 씨를 증인으로 요청합니다.

진양해 씨는 검은 뿔테 안경을 치켜세우며, 한 손에 흰 종이를 든 채 또각또각 걸어 나왔다.

진양해 씨, 증인은 무슨 일을 하시는 분이죠?

저는 트리 수목원 나무 관리사입니다. 나무 관리라고 하면 나무들에게 물이나 주고 흙을 갈아 주는 그런 토속적인 일인가 하고 착각하기 쉬우실 텐데, 저는 고급인력이라 그런 일은 하지 않습니다.

그럼, 무슨 일을?

그 모든 일을 지시하지요. 그리고 나무들에게 끊임없이 사랑을 주고 있기도 하구요.

어떻게 사랑을 주시는지?

그런 것까지 제가 일일이 얘기해야 하나요?

아, 아닙니다. 그럼, 나무들의 특성에 대해서는 아주 잘 아시겠네요.

그렇지요. 나무 관리사를 한 지도 벌써 13년이 다 되어 가니까요.

근데 그 종이는 무엇인지?

실은 이 사건은 저희 수목원에서 일어난 일이기 때문에 잘 알고 있어요. 그래서 보기 쉽게 설명하기 위해, 보조 자료를 준비했지요.

그럼 한번 볼 수 있을까요?

바로 번개의 모습입니다.

그냥 작대기 하나가 그려져 있을 뿐인데, 설마 준비해 오신 게

피뢰침

피뢰침이란 벼락이 건물에 내리치는 것을 방지하기 위해 건물의 가장 높은 곳에 세우는, 끝이 뾰족한 금속 막대기입니다. 이 뾰족한 막대기에 전류를 잘 흐르게 하는 도선을 땅속으로 연결하면 전류를 땅속으로 흘려보내기 때문에 벼락을 피할 수 있습니다.

그게 답니까?

준비해 온 게 어디예요!

예, 그렇긴 합니다만, 그럼 뭘 설명해 주시고 싶어서, 준비하신 건지?

그렇지요. 번개에 대해서 말씀드리려구요. 일단 이번 사건에 나빛나 선생님의 책임이 있나 없나 판단하기 전에 번개라는 녀석을 정확히 아는 게 중요하거든요.

아, 그렇군요.

번개라는 녀석은 구름의 아래가 음의 전기를 띠고 땅이 양의 전기를 띠면서 구름 속 전자들이 땅으로 쏟아져 내려오는 현상입니다.

근데 그게 이번 사건과 무슨…….

예, 바로 그겁니다. 나무에 따라 벼락을 잘 맞는 것이 있고, 잘 안 맞는 것이 있다 이겁니다.

아, 하지만 그걸 어떻게 아신 거죠?

몇 년 전, 벼락이 치고 나면 다른 나무보다 참나무가 많이 쪼개지기에, 왜 그런가 하고 실험을 해 보았습니다. 그랬더니, 수목원에서 벼락을 맞은 100그루의 나무 중 참나무가 54회, 백양나무가 24회, 소나무가 6회, 배나무와 앵두나무는 4회씩 벼락을 맞았습니다. 그리고 너도밤나무는 단 한 차례도 벼락을 맞은 적이 없었습니다.

이야, 정말 놀라운 사실인데요. 왜 같은 나무인데 그런 차이가 생긴 거죠?

물이 전기를 잘 통하게 한다는 것은 아시죠?

물론이죠.

바로 물 때문입니다.

그게 무슨 말이죠?

너도밤나무는 줄기가 매끈하고 수막이 형성되어 있습니다. 그러므로 번개가 너도밤나무에 오면 전기를 잘 통하는 수막을 타고 땅으로 흘러들어 가지요. 즉 너도밤나무의 줄기에 있는 수막은 피뢰침과 같은 역할을 해요.

그럼 참나무는요?

참나무는 줄기가 거칠고 수막이 없습니다. 그래서 물이 여러 갈래로 나뉘어져 나무속으로 들어갑니다. 그러니까 번개의 전기가 줄기를 타고 땅으로 가는 게 아니라 나무속으로 들어가 스파크를 일으켜 나무를 불타게 하는 거죠.

그럼 너도밤나무 밑으로 피했다면 안전했겠군요.

그렇습니다. 참나무가 아닌 너도밤나무 밑으로 아이들을 인솔했더라면, 아이들이 벼락 때문에 놀라는 일을 막을 수 있었겠지요.

친애하는 판사님, 어떻습니까? 아이들의 안전을 책임지는 교

사는 이런 사소한 것까지 알아야 하는 거 아닙니까?

같은 생각입니다. 아이들을 인솔하는 선생님은 항상 아이들의 안전을 생각해야 할 것입니다. 그리고 이번 벼락 사건과 같은 천재지변에 대해서도 많이 공부를 하여 안전 대책을 강구하고 있었어야 할 것입니다. 그래서 본 판사는 나빛나 선생님에게 기상과학 체험 코스 두 달 과정을 수료할 것을 판결합니다.

눈사태

소리로도 눈사태를 일으킬 수 있을까요?

과학공화국에도 스키의 계절이 돌아왔다. 스키라 하면, 겨울 스포츠 중에서도 가히 으뜸이라 할 수 있다. 특히 올 겨울에는 여러 스키장들이 개장을 앞두고 있어, 스키에 대한 관심이 더욱 높아질 것으로 예상되었다.

엔조이 스키장은 개장을 앞둔 가장 큰 규모의 스키장이었다. 엔조이 스키장의 사장은 20대 후반의 엄청난 재벌집 아들로서, 스키에 대한 사랑이 각별한 사람이었다. 그래서 과학공화국에서도 가장 규모가 크고 가장 스릴 넘치는 스키장을 만들고 싶어 했던 것이다. 엔조이 스키장은 사장 고잼나 씨의 의견이 적극 반영된 스키장이었다. 그래서 일반 초보를 위한 스키장이라기보다는 일부러 급한 경사를 만들어 프로 스키어들이 스릴 넘치는 재미를 느낄 수 있게 한 곳이었다.

엔조이 스키장은 개장 전부터 스키를 즐기는 많은 사람들의 관심을 끌어 모았다. 고잼나 씨는 스키장 개장을 코앞에 두고 고민에 빠졌다.

'이제 개장이 코앞인데, 그냥 밋밋한 개장은 싫어. 좀 더 신나고 멋진 개장 방법이 없을까?'

개장 때문에 한참을 고민하던 고잼나 씨는 결국 아싸리 이벤트 업체에 개장 기념 이벤트를 기획해 달라고 부탁하였다. 아싸리 이벤트 업체라면, 여러 깜짝 이벤트를 기획하여 성공을 거둔 것으로 정평이 나 있기에 믿을 만하다고 생각한 것이다.

"걱정 마십시오. 스키 개장 날이나 알려주십시오. 저희 아싸리 이벤트에서 멋진 개장 기념 이벤트를 준비해 놓고 있을 테니까요."

드디어 11월 20일, 엔조이 스키장은 개장을 하게 되었다. 고잼나 사장은 어떤 이벤트가 준비되어 있을지, 그리고 얼마나 많은 사람들이 몰려들었을지 궁금했다. 그래서 아침 일찍 스키장에 나갔다.

스키장에 들어서니, 30여 명이 넘는 밴드들이 악기를 손질하고 있었다. 그리고 저 멀리서 스태프들을 지휘하고 있는 아싸리 이벤트 회사 실장이 보였다.

"저기요. 실장님."

"아, 고잼나 사장님. 깜짝 놀라게 해드리려고 했는데. 실은 30여 명의 밴드를 불러 사람들의 흥을 더욱 돋우기 위해 메탈 음악을 연주할 예정입니다. 그리고 스키 챔피언의 곡예 스키 이벤트도 준비 중이지요."

고잼나 사장은 괜찮은 이벤트라고 생각했다. 그리고 얼마 지나지 않아, 사람들이 하나둘씩 엔조이 스키장으로 들어오기 시작했다.

'아, 이건 대박이야, 대박. 이렇게 많은 사람들이 올 줄이야.'

스키장은 개장한 지 한 시간도 채 되지 않아 사람들로 가득 찼다. 아싸리 이벤트 실장이 스태프들에게 신호를 보내자, 밴드의 흥겨운 연주가 시작되었다. 스키를 신은 30여 명의 밴드가 악기를 격렬하게 치기 시작했다. 관중들도 점점 흥이 나는지 몸을 흔들기 시작했다.

"유후. 스키장에서 이렇게 밴드가 하는 음악도 듣고, 정말 최고야, 최고."

사람들의 음악소리를 따라 흥얼대는 소리와 함께 경쾌한 목소리들이 오고 갔다. 고잼나 사장은 마음이 뿌듯했다. 그런데 그때였다.

"우르르 쾅쾅쾅쾅."

"으아아악. 뭐야. 눈이야, 눈! 눈사태야."

"피해…… 위험해……"

금세 눈사태가 일어난 것이다. 이벤트는 엉망진창이 되고, 엔조이 스키장은 개장하자마자 사고가 나는 불명예스런 스키장으로 신문에 보도되었다.

고잼나 사장은 무척 화가 났다. 그래서 아싸리 이벤트 업체를 상대로 눈사태에 대한 책임을 묻는 소송을 하게 되었다.

눈사태의 주 원인은 공기의 진동이라고 할 수 있습니다.
소리란 물체의 진동에 의해 생기는 것이므로 큰 소리는
눈사태의 원인이 될 수 있습니다.

소리와 눈사태는 어떤 관계가 있을까요?

지구법정에서 알아봅시다.

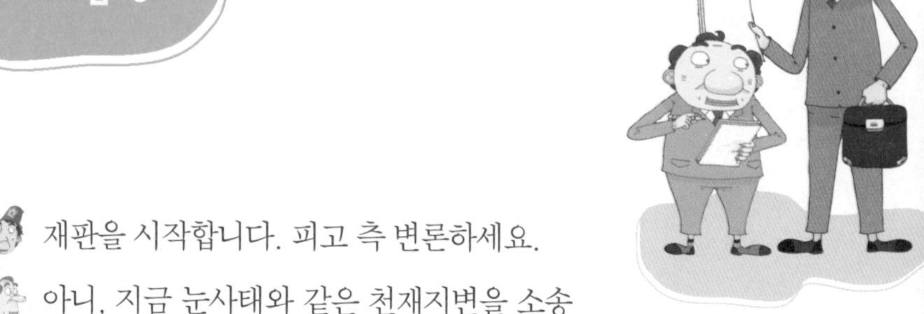

재판을 시작합니다. 피고 측 변론하세요.

아니, 지금 눈사태와 같은 천재지변을 소송에 끌고 오다니요. 말도 안 되는 일이라고 생각합니다.

지치 변호사, 차근차근 얘기해 주겠소?

그러니까, 이번 소송은 고잼나 사장이 아싸리 이벤트 업체를 상대로 눈사태에 대한 책임을 묻는 것입니다. 판사님, 판사님이 엄청나게 미워하는 사람이 있다고 칩시다. 그 사람을 불행하게 만들기 위해 눈사태를 계획한다, 그게 가능한 일입니까?

불가능하지요.

아싸리 이벤트 업체가 무슨 신입니까? 무슨 힘으로 엔조이 스키장의 개업에 맞춰 눈사태를 일어나게 할 수 있겠습니까? 그러니까 고잼나 사장은 지금 말도 안 되는 억측을 부리고 있다고 주장하는 바입니다.

과연 그럴까요? 눈사태에 아싸리 이벤트 업체의 잘못이 없다고 볼 수 있을까요?

당연하지요. 이벤트 업체는 그저 밴드를 불러서 연주하고, 스키 챔피언의 곡예 스키를 준비한 것뿐이라고요. 그게 무슨 눈 사태를 불러온단 말입니까?

판사님, 증인 요청하겠습니다. 산지기 생활 20년, 산사태, 눈사태라면 수십 차례를 겪은 애팔래치아 산지기 오래미 씨를 증인으로 요청하는 바입니다.

산지기라 그런지 꽤나 정정한 50대 중반의 아저씨가 증인석에 앉았다.

오래미 씨, 산지기를 오랫동안 해서, 산에서 일어나는 일이라면, 모르는 게 없다고 들었는데요.

아무래도 그렇지요. 어릴 때부터, 애팔래치아 산에서 살았고, 그곳에서 평생을 지냈는데 모를 리가 없지요.

그럼 산사태나 눈사태 경험도 많으시겠군요.

어릴 때부터 우리 집은 가난했었죠. 남들 다 하는 외식 한 번 한 적 없었고, 그 흔하다는 자장면도 배달되지 않아 못 먹기 일쑤였죠. 그런데 어느 날 어머니가 자장면을 우리 집까지 배달해 주는 곳을 찾았다고 하시더군요. 그래서 전 하루 종일 자장면이 배달되기만을 기다리고 있었죠. 근데 그날 하필 눈사태가 일어난 겁니다. 그래서 그 다음 날도 자장면을 먹지 못한 게 억울해 하루 종일 울었던 기억이 나는군요.

하하. 그렇군요. 제가 이 재판이 끝나면 자장면 한 그릇 꼭 사드리겠습니다. 근데 대체 눈사태라는 녀석은 왜 일어나는 건가요?

눈사태 때문에 자장면을 먹지 못한 그날, 하루 종일 울면서 결심했지요. 눈사태가 일어나지 않도록 이제 내가 산을 지켜야겠다. 그래서 제가 산지기가 된 것이고요.

아, 그러니까 왜 일어나는 거지요?

눈사태는 그저 다 똑같은 눈사태라고 보기 일쑤지만, 실은 두 종류의 눈사태가 있습니다. 하나는 밑바닥 눈사태인데 초봄에 주로 일어나는 현상이지요. 겨울 동안 쌓인 눈이 한꺼번에 쭈욱 미끄러져 내려오는 일이 바로 밑바닥 눈사태라고 볼 수 있지요. 그리고 또 하나는 표층 눈사태라고 합니다. 주로 초겨울에 흔히 볼 수 있는 눈사태지요. 이 눈사태는 내린지 얼마 안 되는 눈 위에 새로운 눈이 대량으로 쌓인 곳에서 일어나는 눈사태랍니다.

소리 때문에 정말로 눈사태가 발생할 수 있나요?

1987년 1월 죽음의 계곡에서 등반 준비를 하던 청암 산악회 회원 세 명이 희생된 사고가 있었습니다. 이 사고는 당시 상공을 통과하던 제트기의 음속 돌파 충격음에 의한 눈사태가 원인이었습니다. 영화 속에서도 이런 장면을 찾아볼 수 있습니다. 영화 〈7인의 신부〉에서는 고함과 총소리로 인해 눈사태가 일어나지요.

아하, 그럼 스키장에서 눈사태가 났다는 것은…….

그렇지요. 바로 표층 눈사태지요.

으흠, 근데 제가 궁금한 것은 대체 그러한 눈사태가 왜 일어났는가 하는 것인데?

그걸 이제 설명하려고 하잖소.

아, 예. 그럼 설명해 주시지요.

눈사태의 주원인은 공기의 진동이라고 볼 수 있지요. 그러므로 소리가 가장 위험한 눈사태의 원인이라고 볼 수 있답니다.

맙소사. 그럼 스키장에서 밴드 음악을 연주한다는 건?

'나 죽여 줍쇼' 하는 거나 마찬가지지지요.

아, 그래서 엔조이 스키장에서 눈사태가 일어날 수밖에 없었던 거군요.

그렇고말고요. 에베레스트 등산객들은 눈사태 때문에 늘 조용조용히 올라가지요. 휘파람 소리도, 총 소리도 위험하다고 하는 이 판국에 공기의 진동을 가장 크게 만드는 밴드의 공연이라니요. 이건 눈사태를 일으키려고 작정한 짓이라고 볼 수 있지요.

아, 아닙니다. 아싸리 이벤트 업체에서 작정하고 눈사태를 일으킬 이유가 없잖습니까. 그저 몰라서 그랬던 겁니다. 정말입니다. 판사님.

판결합니다. 비록 몰라서 한 일이라 하더라도 그것이 사고로

이어졌다면 책임을 면할 수 없다고 봅니다. 소리가 공기의 진동이고 눈사태가 그 진동에 의해 발생할 수 있다는 것은 과학책을 조금만 읽었다면 알 수 있는 일일 것입니다. 그러므로 이벤트 회사에게 이번 사건에 대한 책임이 있다고 판결합니다.

눈으로 만든 물

눈을 녹인 물은 몸에 좋을까요?

'스노우워터 500, 당신에게 새로운 물을 선물합니다'

모든 버스와 지하철에 생수 광고문 하나가 떡 하니 붙어 있었다. 이것은 생수업체 사이에 대대적인 생수 전쟁이 시작되었음을 선포하는 것과 같았다.

스노우 워터 500은 이제껏 생수 시장에서 1등을 달리고 있던 천연암반수를 꺾기 위해 새롭게 등장한 제빙수 회사의 야심작이었다.

스노우 워터 500은 산 위의 눈을 녹여 만든 생수였다. 제빙수 회사는 이 스노우 워터에 회사의 모든 것을 걸었다. 스노우 워터 500만 성공하면 제빙수 회사가 돈방석에 오르는 것은 시간 문제였다. 사람들은 그저 평범한 생수들에 점점 지겨워하고 있었고, 스노우 워터의 출시는 처음부터 사람들에게 신선하다는 반응을 불러일으키고 있었다.

제빙수 회사는 스노우 워터를 사람들의 머릿속에 더욱 강력하게 각인시킬 방법을 연구하였다. 그래서 인기 여가수를 등장시켜 신선한 얼음에서 녹아 내린 물을 먹는 모습을 매력적으로 보이게끔 광고를 제작하였고, 눈 녹은 물은 일반 물과 달라 건강에 좋다는 박사들의 홍보 멘트까지 넣어 광고하였다.

생수업체들은 스노우 워터의 등장에 긴장하지 않을 수 없었다. 특히 1등을 달리고 있던 천연 암반수는 스노우 워터 500에 대한 사람들의 긍정적인 반응에 바짝 긴장하고 있었다.

그렇게 스노우 워터가 출시된 지 두 달 만에, 생수업계 1등을 지속적으로 유지해 오던 천연 암반수는 2등으로 떨어지는 불명예를 안아야 했다. 사람들이 너도나도 스노우 워터만을 찾기 시작한 것이었다.

천연 암반수뿐만 아니라 다른 생수업체들 역시 엄청난 타격을 입어야만 했다. 그리고 그들은 더 이상 두고 볼 수만은 없는 일이라고 판단했는지 긴급 회의를 열게 되었다.

"이번 달 스노우 워터의 생수 판매량을 보셨습니까? 생수업계 역사상 최대의 판매량이라고 합니다. 여러분들, 지켜만 보실 겁니까?"

"하지만, 막을 방법이 없지 않습니까?"

"근데, 제가 궁금한 건 정말 스노우 워터가 다른 생수랑 달리 몸에도 좋을까요?"

"물이 다 똑같은 물이지, 뭐가 다르다고 그렇게들 광고를 해대는지. 특히 그 이 박사가 나와서 광고하는 거 보셨지요. 무슨 근거로 그렇게 얘기들을 해대는 건지."

"맞아요. 솔직히 강물이나 눈이 녹은 물이나 똑같잖아요. 근데 마치 눈이 녹은 물은 특별한 것처럼 광고나 해대고. 우리 그걸 빌미로 소비자들을 우롱한다고 확 신고해 버릴까요?"

"옳소. 그거 좋은 생각이구려. 그럽시다. 암. 소비자들을 우롱해서는 안 되지요."

한참의 긴급 회의 끝에 기존의 생수업체들은 이 광고는 사기 광고로서 소비자들을 우롱하고 있다는 명목으로 스노우 워터 500을 지구법정에 고소해 버렸다.

육각수는 정상 세포를 도와 인체의 몸속에 침입한 바이러스를 저지하거나 없애 줍니다.

눈이 녹은 물과 보통의 물은 어떤 차이가 있을까요?

지구법정에서 알아봅시다.

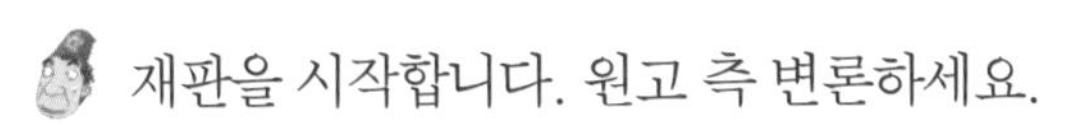

재판을 시작합니다. 원고 측 변론하세요.

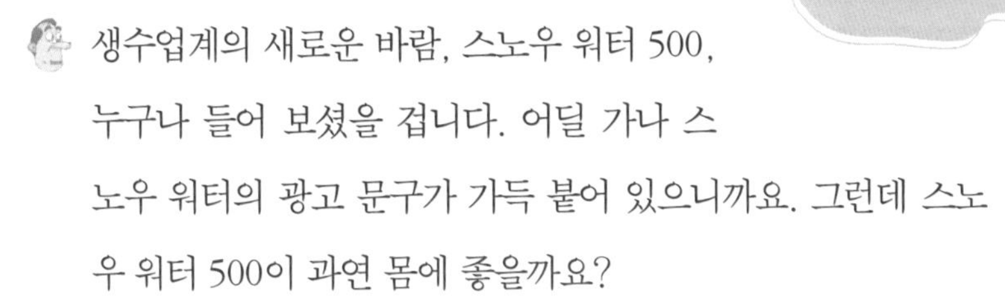

생수업계의 새로운 바람, 스노우 워터 500, 누구나 들어 보셨을 겁니다. 어딜 가나 스노우 워터의 광고 문구가 가득 붙어 있으니까요. 그런데 스노우 워터 500이 과연 몸에 좋을까요?

당연히 좋지요. 눈에서 녹은 물을 추출해 내는 게 어디 쉬운 일인 줄 아나 본데…….

으흠. 어쓰 변호사. 집에 있는 수돗물을 받아서 냉동실에 얼린 물과 그냥 수돗물, 두 개가 똑같은 겁니까? 다른 겁니까?

그야, 똑같은 거지요.

제 말이 그 말입니다. 눈에서 녹은 물이라고 해도 똑같이 구름에서 떨어진 물 아닙니까? 그니까 그냥 물이랑 눈에서 녹은 물이나 다 똑같다 이 말입니다.

그건 눈을 잘 모르고 하시는 말씀입니다.

방금 어쓰 변호사가 수돗물을 얼린 것이나, 안 얼린 것이나 똑같다고 하지 않았소. 근데 지금 그 말을 번복하겠다 이겁니까?

상황이 다르지 않습니까.

다르긴 뭐가 달라요. 똑같은 거지. 그러니까 여하튼 저의 주장은 스노우 워터 500은 다른 물과 똑같은데 마치 특별한 물처럼 광고하는 것은 소비자들을 우롱하는 행위로서 마땅히 처벌해야 한다고 주장하는 바입니다.

휴 말이 안 통하네. 판사님, 증인 요청하겠습니다. 눈에 대해 연구하는 아이스 에이지팀의 녹는디 박사님을 증인으로 요청하는 바입니다.

꽤 큰 키에, 멀쑥한 외모의 녹는디 박사가 성큼성큼 걸어 들어와 증인석에 앉았다.

박사님, 아이스 에이지팀은 무엇을 연구하는 팀이지요?

눈에 대한 전반적인 사항을 다 연구하는 팀입니다.

그럼 혹시 스노우 워터 500에 대해서는 들어 보셨는지요?

어찌 그걸 안 들어 봤을 수 있겠소. 온통 광고로 도배를 해대는데. 아이디어 좋았지요. 눈 녹인 물을 생수로 만들어 팔 줄이야 누가 알았겠어요. 그리 반응이 좋을 줄 알았더라면, 내가 그렇게 미리 만들어 파는 거였는데.

그럼 눈에 대해서 많은 것을 알고 계신다고 하니, 혹시 그 광고에서 이상한 점은 발견하지 못하셨는지요?

이상한 점이라니요? 뭘 말하는 거요?

어쓰 변호사 질질 끌지 말고 똑바로 물어보세요. 그니까 녹는디 박사님, 물은 다 똑같은 물이잖아요.

무슨 의미로 묻는 건지는 모르겠지만, 뭐 어쨌든 물이 다 물이지요.

그러니까 눈이 녹은 물이라고 해서 딱히 몸에 더 좋을 건 없다 이거지요.

허 참, 그냥 물과 눈 녹은 물은 다르지요.

아니, 아까 물은 다 물이라고 하셨잖아요.

보통의 물은 12개 내지 13개의 물 분자가 하나를 이루어 존재하지만 눈 녹은 물은 6개의 물 분자가 육각형의 고리 모양을 형성하고 있어 육각수라고 불립니다.

좋아요. 녹는디 박사님, 다르다고 칩시다. 하지만 뭐, 눈 녹은 물이 그냥 물보다 더 좋다는 보장은 없잖아요.

그렇지 않습니다. 사람의 몸속에 있는 정상 세포 주위의 물이 바로 육각수의 형태를 유지하고 있으니까요. 그리고 '병이 났다'는 것은 세포 주위의 물의 구조가 깨졌음을 뜻하지요. 그러므로 눈 녹은 물과 같은 육각수를 마시면 나쁜 세균이 퍼지는 걸 막아 줄 수 있지요. 그래서 병에 덜 걸리게 될 거예요.

다른 기능은 없나요?

물론 있지요. 목욕물로 사용하면 피부가 매끄러워지고, 린스를 하지 않아도 머리가 부드러워지지요. 눈 녹은 물을 받은 채소는 신선도를 유지할 수 있을 뿐만 아니라, 빨래를 하면 곰팡이와 악취가 제거되고 멸균과 표백 효과까지 있는데 어떻게 그게 일반 물과 똑같겠습니까?

그럼 그게 무슨 요술 물인가요?

그렇지요. 어쩌면 요술 물일지도 모르지요. 그 물에다 약을 타 마시면 약재의 효능이 증가하고, 중금속 등 유해물질이 제거되기도 하니, 어찌 보면 정말 요술 물이지요. 요술 물!

왜요? 이왕 눈 녹은 물 좋다고 얘기하시는 거 더 자랑해 보시죠. 요술 물에 뭐, 그 물은 넣었다 하면 안 좋아지는 게 없네요. 없어.

어찌 아셨습니까? 그것뿐만이 아닙니다. 어항에 눈 녹은 물을 넣어주면 각종 미네랄이 많아 물고기가 병에 걸리지 않을 뿐만 아니라 각종 세균과 박테리아도 죽이지요. 가축에게 먹이면 고기 맛이 좋아지지요, 젖소에게 먹이면 우유 생산량이 늘어나지요. 정말 눈 녹은 물은 완전 보약입니다, 보약! 가축에

우리가 흔히 마시는 물의 화학적 구조는 6각형 고리, 5각형 고리, 5각형 사슬 구조 등 세 종류입니다. 물을 육각수로 만들기 위해서는 게르마늄 이온을 첨가해 구조 형성 이온의 역할을 하게 해 6각형 고리 구조를 만들거나 물을 매우 차갑게 만드는 방법, 물에 강력한 자기장을 걸어 자화수(磁化水)를 만드는 방법 등이 있습니다.

게 먹이면 질병이 잘 생기지 않게 해 주고 화초에게 주면 거름이 없어도 잘 자라니 당연히 스노우 워터 500이 히트를 칠 수밖에 없는 거지요.

녹는디 박사님, 솔직히 말해 보세요. 분명 스노우 워터 500에서 돈 받으셨죠? 아님 홍보 대사 아니에요?

무슨 말을 하는 겁니까! 이거 증인을 모독하는 행위 아닌가요? 난 박사라고요. 무슨 기업의 편을 들고 이런 건 제 스타일이 아니라고요.

아하, 박사님. 죄송합니다. 제발 진정하시구요. 여하튼 박사님의 말씀 덕분에 많은 것을 알게 됐네요. 정말 감사드립니다.

증인이 더욱 흥분하시기 전에 재판을 마무리 짓겠습니다. 어쓰 변호사와 지치 변호사의 이야기 모두 잘 들었습니다. 그렇지만 무엇보다 이번 재판을 통해 여러분들 모두 눈 녹은 물의 효과에 대해서 잘 들으셨을 겁니다. 다른 생수업체 측에서 이러한 효과를 직접 들으셨기에, 아마 자신들의 주장이 말도 안 된다는 것을 잘 아셨을 것으로 판단됩니다. 다른 회사 제품에 대한 무조건적인 비방은 다시는 있어서는 안 될 것입니다. 다른 회사 제품을 무조건 비판하는 것이 아니라, 자사 제품을 더욱 개발하려는 노력이 필요한 시점이라고 봅니다. 다른 생수 회사들은 모두 이번 일을 자숙의 계기로 삼고 한 발자국 더 나아가기 위해 노력해야 할 것입니다.

구름이 낳은 아이,
천둥과 번개

왜 번개가 친 뒤 천둥소리가 들리는 걸까요?

오늘도 엉성해 씨는 연구실에 앉아서 밖을 내다보며 천둥과 번개를 연구하고 있었다. 말이 연구실이지, 그저 책상 하나 놓여 있는 조그마한 방이었다. 엉성해 씨는 요즘 부쩍 천둥과 번개에 대한 관심이 늘었다. 며칠 전, 천둥과 번개가 치는 날에는 유독 살인 사건이 많이 일어난다는 보도를 들은 다음부터였다.

'왜 천둥과 번개가 치는 날엔 유독 살인 사건이 많이 일어나는 걸까?'

그는 우르르 쾅쾅 몰아치는 천둥 속에서 계속 생각에 빠졌다. 그때 그의 생각을 깨뜨리는 전화벨 소리.

"따르릉. 전화 받으세요. 전화 받으세요. 따르릉."

"아이, 누가 이런 중요한 연구를 하고 있는데 전화람, 여하튼 센스 없긴."

수화기를 들자마자, 큰 소리로 상대방이 외쳤다.

"아니, 여보."

무언가 화난 듯한 목소리. 그리고 '여보' 라고 부르는 이 여자. 분명 엉성해 씨의 아내임이 틀림없었다.

"아니. 당신이 웬일이야?"

"지금 무슨 소리 하는 거예요? 대체 어디예요?"

"아니, 어디냐니. 당연히 연구실이지."

"뭐라고요. 아직도 연구실이라고요? 맙소사."

"왜 그래?"

"제가 한 시간 전에 전화 드렸죠. 분!명!히! 우산이 없으니 데리러 와 달라고. 이제 나간다고. 그런데 뭐, 지금도 연구실이라구요?"

"아니, 그게 아니라…… 여보."

"끊어요."

딸깍. 엉성해 씨의 아내는 무척이나 화가 난 듯, 엉성해 씨가 말을 하려는 찰나 뚝 끊어 버렸다. 엉성해 씨는 당황했다. 물론 그가 이렇게 깜빡 깜빡한 것은 한두 번이 아니었다. 하지만 이번에는 여느 때와는 상황이 달랐다. 아내가 정말 간곡히 데리러 와 달라고 부탁한 것을 천둥과 번개를 생각하느라 깜빡한 것이었다.

엉성해 씨는 서둘러 가방을 챙겼다. 그런데 부랴부랴 나오느라, 그는 바보같이 우산도 없이 뛰쳐나왔다. 분명 밖에는 천둥 번개를 동반한 폭우가 내리고 있는데도, 그의 아내가 우산을 들고 데리러 오지 않은 것에 화가 난 것임에도, 아무 생각 없이 우산을 챙기지 않은 채 나간 거였다.

아파트 입구에 서서야, 그는 자신이 우산을 깜박했다는 것을 떠올렸다. 그 순간 그는 그렇게 하늘이 원망스러울 수 없었다. 하늘을 보며 한숨을 푹 내쉬는데, 번쩍 하고 번개가 쳤다.

"이제 번개 녀석도 날 비웃는구나. 아."

그리고 얼마 지나지 않아 우르르 쾅 하는 천둥소리가 뒤이어 터졌다. 문득 그의 머릿속에 스치는 것이 있었다.

"뭐야. 이제껏 천둥과 번개는 같이 치는 건 줄 알았는데. 이거 뭐야. 번개가 치고 한참 뒤에 천둥소리가 들리잖아. 그 말인즉슨, 천둥과 번개는 같은 구름이 아니라 서로 다른 구름에서 만들어진다는 거 아니야. 좋았어."

엉성해 씨는 자신의 놀라운 발견이 마냥 기쁘기만 하였다. 그래서 곧장 연구실로 올라가서 빠른 속도로 자신이 발견한 내용을 기록했다. 그러고는 신문사를 비롯하여, 각 과학계 인사들에게 그 내용을 보냈다.

그렇지만 엉성해 씨는 신문사 기자들과 과학계 인사들에게서 기대했던 긍정적인 내용의 메일이 아니라, 비난과 질책이 주를 이루는 메일을 받게 되었다.

'이런 위대한 발견을 그냥 비난으로 덮어씌우려 하다니. 가만두나 봐라.'

화가 난 엉성해 씨는 신문사 및 각 과학계 인사들을 대상으로 소송을 하게 되었다.

번개와 천둥소리는 같은 구름에서 나오지만 번개가 천둥소리보다
훨씬 속도가 빠르기 때문에 번개가 먼저 보이고,
천둥소리는 뒤늦게 들리는 것입니다.

천둥과 번개는 같은 구름에서 만들어지나요?
다른 구름에서 만들어지나요?

지구법정에서 알아봅시다.

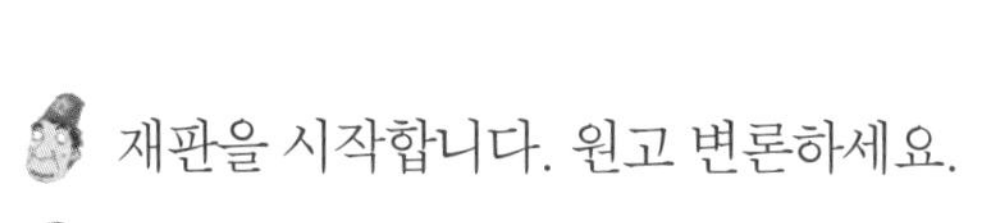

재판을 시작합니다. 원고 변론하세요.

아니, 지금 이게 무슨 말도 안 되는 처사입니까? 요즘 과학계는 엉망입니다. 엉망. 자신들이 증명해 내지 못한다 생각하면 무조건 아니라고 반박하고 나섭니다.

말씀이 좀 심하잖소.

어쓰 변호사. 코는 삐뚤어져도 말은 바로 하라고 했소.

어휴, 바보. 코가 아니라 입이지요, 입! 입은 삐뚤어져도 말은 바로 해라, 이거잖아요.

그러니까 보십시오. 어쓰 변호사도 제 말을 인정하고 있잖습니까.

그게 무슨 말도 안 되는 소리요.

아니, 그런 식으로 당황스러움을 숨기려 해도 소용없습니다.

흠흠. 지치 변호사, 계속 얘기하시지요.

아, 그러니까 지금 엉성해 씨는 놀라운 발견을 했습니다. 과학계에서는 거의 획기적인 발견이라고 봐야겠지요. 번개가 천둥과 다른 구름에서 나올 줄 누가 알았겠습니까. 고정관념을 빼는 발견이었지요.

빼는 발견이 아니라, 깨는 발견 아닙니까?

보십시오. 어쓰 변호사도 엉성해 씨의 발견이 고정관념을 깨는 발견이라는 것을 방금 인정하지 않았습니까? 그런데 신문사 및 과학계 인사들은 그의 말을 거들떠보지도 않았습니다. 그게 무슨 횡포란 말입니까! 이래서야 되겠습니까?

으음. 지치 변호사, 일단 흥분을 가라앉히시고, 그럼 이제 어쓰 변호사의 얘기를 한번 들어보도록 하지요.

판사님, 지금 지치 변호사와 엉성해 씨는 웬만한 중학생들도 아는 사실을 모르고 있습니다. 이건 법정에서 다룰 가치조차 없다고 생각합니다.

거 봐, 무서우니까 자꾸 피하잖아. 솔직히 두렵지? 중학생들도 아는 그 사실이 거짓으로 드러날까 봐? 그런 거잖아?

아니, 이 사람이.

어쓰 변호사, 타당한 증거를 대지 않으면, 법정에서는 어쓰 변호사의 말이 옳은지 그른지 판단할 수 없소. 그러니 좀 더 자

번개의 단짝 천둥소리

천둥소리는 물론 번개에서 나오는 소리입니다. 번개는 순간적으로 공기 중에 다량의 전기를 흘려보내면서 그 통로에 태양 표면 온도의 네 배나 되는 2만 7000도의 뜨거운 열을 발생시킵니다. 그러면 이 열은 주변의 공기를 급격히 팽창시켰다가 수축시키면서 공기의 진동을 만드는데, 이 진동이 소리가 되어 들리는 것이 바로 천둥소리입니다.

세히 설명해 주시오.

그러니까 한마디로 말하자면 같은 구름에서 번개와 천둥이 만들어진다는 것이지요.

이유는?

번개는 너무 빨라서 번개가 치자마자 우리 눈에 번갯불이 보입니다. 그러나 천둥은 소리의 속도인 초속 340미터로 움직이므로 번개가 치고 나서 한참 뒤에야 우리 귀에 들립니다. 그러니까 아무래도 번개가 먼저 번쩍 한 뒤에야, 우르르 쾅 하는 천둥소리가 들릴 수밖에요.

아, 그러니까 같은 구름에서 천둥과 번개가 나오는데, 번개는 속도가 빨라서 먼저 보이고, 천둥은 속도가 느려서 뒤늦게 들린단 말이군요.

예, 제 말이 그 말입니다.

판사님, 지금 그 말을 믿으시는 건 아니시겠죠?

그럼, 지치 변호사는 그 말이 틀렸다고 반박할 수 있단 말인가요?

천둥소리로 번개가 친 곳까지의 거리를 알 수 있다?

번개가 친 뒤 천둥 소리가 들리기까지 걸린 시간에 음속인 340m/s를 곱하면 번개가 친 거리를 알 수 있습니다. 예를 들어 볼까요? 번개가 치고 난 뒤 10초 후에 천둥소리가 들렸다면, 번개는 약 3.4km 떨어진 곳에서 친 것이라고 할 수 있지요.

저, 물론 그건 아니지만…….

그럼 판결할 것도 없군요. 지치 변호사가 시인을 해 버렸으니까. 그렇다면 이것으로 판결을 마치겠습니다. 오늘은 좀 바쁜 일이 있어서.

눈 속의 밴드 공연

눈이 많이 쌓이면 소리가 잘 안 들릴까요?

싸요싸요 록 밴드는 요즘 최고의 인기를 자랑하는 록 밴드 중 하나다. 싸요싸요 밴드는 오늘도 어김없이 음악 프로그램에서 공연을 마치고 내려오는 길이었다.

"싸요싸요 짱! 싸요 짱! 싸요 짱!"

소녀 팬들은 싸요싸요 록 밴드가 무대에서 내려오자마자 열광적인 반응을 쏟아 내었다. 싸요싸요 밴드는 요즘 들어 부쩍 는 소녀 팬들을 보며 자신들의 인기를 실감하고 있었다.

"어, 매니저 형."

싸요싸요 밴드가 무대에서 내려오자마자 매니저가 급한 표정으로 그들을 기다리고 있었다.

"무슨 일 있어?"

"아니, 실은 말이야. 깜짝 놀랄 일이 있어."

"뭔데? 뭔데?"

"처음으로 우리 싸요싸요 밴드가 야외에서 단독 콘서트를 열기로 했다 이 말씀이지."

"우와. 형, 정말이야? 정말?"

싸요싸요 록 밴드는 최고의 인기를 누리고 있긴 하였지만, 아직도 단독 콘서트를 연 적은 없었다. 그런데 분위기 있는 야외에서 단독 콘서트라니. 모두들 긴장하면서도 즐거운 표정이 역력한 것은 당연한 일이었다.

"그것두 말이야. 12월의 콘서트야. 12월 25일!"

"맙소사. 정말?"

12월 25일, 크리스마스는 공연계에서 최고의 흥행을 보장하는 골드 타임이었다. 크리스마스 공연은 웬만하면 모두 다 매진이었다.

그렇게 싸요싸요 록 밴드는 설렌 가슴으로 공연을 준비하고 있었다. 크리스마스에 처음 여는 단독 야외 콘서트!

그런데 문제가 생겼다. 크리스마스가 다가오자, 예년과 다르게 온도가 뚝 떨어진 것이다.

"형, 근데 너무 춥지 않을까? 야외 콘서트인데."

"아냐, 도리어 잘됐지, 뭐. 겨울의 추위를 너희가 녹여 줘야지."

싸요싸요 밴드는 서로 격려하며, 그렇게 끊임없이 연습했다. 그리고 마침내, 12월 25일이 다가왔다. 공연을 해야 하는데 24일부터 내린 눈 때문에 사람들의 발이 눈 속에 푹푹 잠겼다.

"매니저 형, 이 일을 어째? 그래도 우리 야외 공연 강행하는 거야?"

"당연하지. 오히려 눈이 왔을 때 공연하는 게 나아. 눈 내리는 야외 공연장! 사람들이 얼마나 매력적으로 느끼겠니."

결국 그렇게 매니저의 격려에 힘입어 싸요싸요 록 밴드는 야외 공연을 강행했다. 사람들이 하나둘 모여들고, 모두들 긴장하고 있었다.

화려하게 공연이 시작되었다. 그런데 공연을 보러온 사람들의 표정이 공연이 진행될수록 일그러져 갔다. 힘들게 눈 속을 파헤치며 왔는데, 밴드의 노랫소리가 잘 들리지 않은 것이다.

"아니, 이게 뭐야? 싸요싸요 밴드 정말 실망이야."

"그러게. 이렇게 힘들게 왔는데 사운드가 왜 이래."

"괜히 왔어. 공연은 재미없고, 춥기만 하잖아. 아, 따뜻한 집에나 처박혀 있을걸."

공연을 보러온 사람들의 반응은 냉담했다. 무엇보다 가장 큰 문제는, 소리가 너무 작아 록 밴드의 노래임에도 흥이 나지 않는다는 것이었다. 관중들은 돈을 돌려 달라며, 싸요싸요 밴드를 상대로 지구법정에 고소를 하게 되었다.

눈의 입자들 사이에는 작은 틈이 있어 소리를
흡수하는 방음벽 역할을 합니다. 따라서 눈이 많이 오는
날은 소리가 작게 들립니다.

눈이 많이 쌓이면 소리가 잘 안 들릴까요?

지구법정에서 알아봅시다.

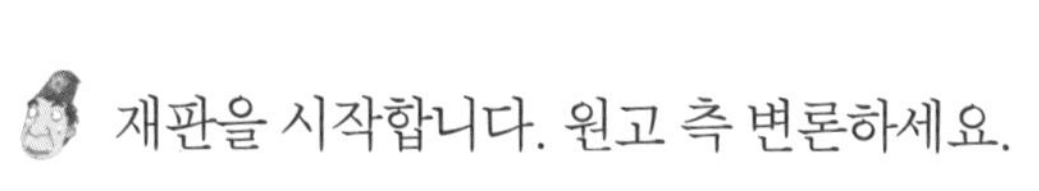

재판을 시작합니다. 원고 측 변론하세요.

아니, 이럴 수가 있습니까? 잔뜩 쌓인 눈 때문에 관중들은 공연장까지 가는 것만 해도 힘들었습니다. 그런데도 왜 그들이 힘들게 공연장까지 갔겠습니까? 그만큼 싸요싸요 록 밴드가 멋진 공연을 보여줄 거라고 기대했기 때문입니다. 그런데 뭡니까? 재미없게 사운드도 작게 설정해 놓고. 이건 힘들게 공연장까지 찾아간 관객들을 모욕하는 행위가 아닙니까?

아니, 그건 아니지요.

아니긴, 뭐가 아니란 말입니까!

분명 싸요싸요 록 밴드도 힘들게 공연을 보러 온 사람들을 위해 완벽하게 준비해 놓았단 말입니다.

아니, 그럼 록 밴드 소리가 그렇게 작았던 것이 관중들을 위한 배려였다 이겁니까?

저도 그게 이해가 안 됩니다. 분명 싸요싸요 밴드는 실내에서 리허설을 한 번 하고 왔는데, 그때는 이렇게 소리가 작지 않았단 말입니다. 근데 왜 갑자기 그렇게 소리가 작아졌을까요?

지금 그걸 나에게 묻는 겁니까? 내 참, 그러니까 싸요싸요 밴드는 추운 날씨를 뚫고 간 관중들을 모욕한 거나 마찬가지다 이 말입니다.

어허. 그럴 리가요. 제가 증인을 한 분 요청했는데, 그분이 늦으시네요.

그때, 머리가 희끗희끗한 60대 남자가 법정의 문을 쓰윽 열고 들어왔다.

어어, 제가 말씀드린 증인입니다. 왜 이렇게 늦으셨어요?

아, 죄송합니다.

이분은 누구시냐 하면, 그러니까…….

소리를 연구하는 어울동 학회장인 기막혀입니다.

네. 그러니까, 판사님, 증인 요청합니다.

그러시든지요.

네, 기막혀 회장님. 제가 궁금한 것이 하나 있는데 말이죠.

소리에 관한 거라면 뭐든지 물어보시지요.

그러니까, 그게 뭐냐 하면, 싸요싸요 록 밴드의 야외 단독 콘서트가 있었는데 말이죠.

뭐라고요? 싸요싸요 록 밴드라고요? 까약~ 나 정말 좋아하는데.

진정하시구요.

아, 네. 그러니까 뭐가 궁금하시다는 말씀이죠?

분명 실내에서 연습할 때는 소리가 아무 이상 없이 컸단 말입니다. 그런데 갑자기 야외 공연을 하니까 소리가 팍 줄어들었어요. 대체 왜 그럴까요?

혹시 12월 25일에 한 그 공연요? 눈 내리던 날 했던 거요?

네. 그 공연 말입니다.

아, 그건 당연히 눈 때문이지요.

네? 눈 때문이라니요?

눈이 오는 날은 고요해지기 마련이지요. 그 말인즉슨, 소리가 작게 들린다 이 말입니다.

예? 그럴 수가 있나요?

눈의 입자들 사이에는 작은 틈들이 있습니다. 그 틈이 소리를 흡수하는 방음벽 역할을 하지요.

아하, 옳거니.

그래서 눈이 많이 쌓이면 소리가 잘 들리지 않는 건 당연한 이치지요.

그래서 그랬군요.

네, 게다가 눈 속에 굴을 파고 있으면 4~5미터에서 떠드는 소리도 아예 들리지 않을 정도랍니다.

우와. 어쨌든 증인의 말이 많은 도움이 됐습니다.

그럼, 제가 싸요싸요 밴드에게 무언가 도움이 됐다 이 말인가요?

예, 물론이지요.

아하, 너무 행복해. 그럼 부탁 하나만 드려도 될까요?

아…… 뭐…….

사인 하나만 받아다 주세요. 꺄악~ 싸요싸요 밴드! 생각만 해도 신나라.

예, 그러죠. 여하튼 감사합니다. 판사님, 싸요싸요 밴드의 소리가 야외 콘서트에서 작게 들린 것은 고의적인 것이 아니라, 눈의 방음 효과 때문이었습니다. 아무래도 그걸 몰랐던 싸요싸요 밴드 측에서 실수를 한 것 같군요. 하지만 어느 가수가 자신의 공연을 엉망으로 만들고 싶겠습니까? 그러니까 다시 한 번 더 관중들에게, 이번엔 실내에서 싸요싸요 밴드의 콘서트를 관람할 수 있도록 판결해 주십시오.

알겠습니다. 눈 때문에 싸요싸요 밴드의 파워풀한 사운드가 청중들에게 잘 전달되지 않은 점 인정합니다. 그러므로 싸요싸요 밴드는 눈이 쌓이지 않은 곳에서 지난 공연 때 찾아온 청중들을 그대로 불러 공연을 하게 하는 것으로 판결합니다. 그리고 원고 측에서는 두 공연의 사운드를 비교하여 논문으로 제출하기 바랍니다.

여름 세탁비는 좀 싸야지

여름에는 겨울보다 빨래가 잘 마를까요?

럭셔리 호텔은 요즘 부쩍 손님들이 늘었다. 한때 하룻밤 자는 데 많은 돈을 들이는 것은 과소비라는 생각이 대세를 이루는 바람에 럭셔리 호텔은 손님이 들지 않아 어려움을 겪었으나, 최근 광고를 타고 럭셔리 호텔의 인기도는 다시 치솟기 시작했다.

"하룻밤의 낭만은 그 어떤 돈과도 비교할 수 없습니다."

이 문구를 바탕으로 야자수 나무와 푸른 바다가 함께 나오는 광고는 럭셔리 호텔의 이미지를 끌어올리는 데 아주 효과적이었다.

럭셔리 호텔의 손님이 부쩍부쩍 늘어나는 데는 이 광고뿐만 아니라, 호텔 내부의 깔끔한 이미지와 청결한 관리가 큰 도움이 되었다.

럭셔리 호텔은 다른 호텔과 달리 세세한 서비스까지 신경을 썼다. 방 안에 들어 있는 탁자, 침대, 진열대 어느 것 하나 흐트러지거나 더러운 것이 없었다. 그중에서도 가장 신경을 쓰는 부분은 사람들의 피부에 직접 닿는 타월이었다. 타월은 사람들의 몸에 직접 닿는 것이기 때문에 더욱 청결을 유지하도록 주의했다.

호텔을 찾는 손님이 점점 많아지고, 이제 자체 내에서 청결을 유지하기는 무척 힘들어졌다. 그래서 럭셔리 호텔에서는 회의를 거쳐, 타월은 청결을 유지해야 하므로 타월 빨래는 빨래 회사에 맡기는 것이 어떻겠냐는 의견이 나왔다. 호텔 사장은 그 의견을 적극 반영하여, 결국 럭셔리 호텔에서 나오는 타월 빨래들은 근처 깔끄미 빨래 회사에 맡기기로 하였다.

럭셔리 호텔은 바쁜 와중에도 손님들에게 깨끗한 환경을 제공할 수 있어서 좋았고, 깔끄미 빨래 회사 역시 럭셔리 호텔의 엄청난 양의 타월 빨래 덕에 더욱 장사가 잘되어서 좋았다.

그러던 어느 날, 럭셔리 호텔 사장은 창밖으로 깔끄미 빨래 회사에서 널어놓은 타월들을 바라보다 문득 생각이 하나 떠올랐다.

'어허. 그러고 보니, 지금은 여름이니 저렇게 잠깐만 창밖에 타월을 내놓으면 금세 마르겠는걸. 그럼 여름에는 훨씬 싸게 해줘야지.

암, 그렇고말고.'

럭셔리 호텔 사장은 그 생각이 들자마자, 당장 깔끄미 빨래 회사에 전화를 했다.

"흠흠. 거기 깔끄미 빨래 회사지요?"

"어머. 이게 누구세요? 럭셔리 호텔 사장님 아니세요? 무슨 일이라도 있으신 건가요? 혹시 빨아야 할 타월 수가 더 늘기라도 했나요? 그럼 저희야 너무 좋죠."

"저, 말 좀 합시다. 말 좀."

"아, 네. 사장님."

"그러니까 지금은 여름이잖소."

"그렇지요."

"그럼 겨울에 비해서 타월이 훨씬 잘 마르지 않소?"

"그거야……."

"그러니, 타월 빨래를 할 때 탈수비가 덜 들 테니 우리한테 여름에는 좀 싸게 해줘야 하는 거 아닙니까?"

"어머, 무슨 그런 말씀을. 럭셔리 호텔 사장님, 이거 왜 이러세요."

"아니, 이론상 그게 맞지 않습니까?"

"저희 깔끄미 빨래 회사에서는 타월 한 장에 얼마, 이런 식으로 빨래 요금을 계산한다구요."

"그래서, 지금은 여름이라 탈수비도 들지 않는데 예전이랑 똑같은 가격을 받겠다 이 말이지요."

"그럼요."

"허, 그럼 거래를 끊겠소."

"뭐라고요? 그런 말도 안 되는 일이 어디 있습니까? 지금 장난치세요?"

결국 럭셔리 호텔 사장과 깔끄미 빨래 회사 사이에는 거친 통화가 이어졌다. 서로 한 치의 양보도 없었기에, 둘의 대립은 더욱 팽팽해질 수밖에 없었다. 결국 두 회사는 지구법정에서 만나게 되었다.

대기 속 수분 허용량은 기온이 높을수록 더욱 늘어나기 때문에 겨울보다 여름에 빨래가 더 잘 마릅니다.

여기는 지구법정

여름에는 왜 빨래가 잘 마를까요?
지구법정에서 알아봅시다.

재판을 시작합니다. 원고 측 변론하세요.

예, 저희 원고 측은…….

지금 원고는 누가 원고라는 거예요? 우리 럭셔리 호텔 측이 원고라고요.

허, 무슨 말씀을. 우리가 원고지요.

휴. 아니, 됐습니다. 그냥 저희 깔끄미 빨래 회사 측은.

아니, 원고라면서. 변호사가 뭐 이래. 주체 의식을 가지세요. 주체 의식을!

휴. 자꾸 이런 식으로 나오면 변호 안 하는 수가 있습니다.

어머머. 웃기셔. 누가 변호를 한다 안 한다 해.

어허. 이런 까탈스런 고객은 처음이라 어찌 변호를 해야 할지.

으흠. 깔끄미 빨래 회사 측은 지치 변호사가 잘 변호할 수 있도록 조금 조용히 해 주셔야 할 것 같은데요.

어머. 당신은 우리 변호해 줄 것도 아니면서 왜 끼어들고 난리예요. 어차피 저 말도 안 되는 럭셔리 호텔 측 변호하러 나온 거잖아요.

이야. 내 살다 살다 15년 변호사 인생에서 이런 적은 정말 처

음입니다.

그렇지요?

지금 뭐하시는 거예요. 빨리 변론 안 하실 건가요. 법정이 장난입니까? 뭐하는 짓이에요.

으흠. 본 판사가 보았을 때는, 깔끄미 빨래 회사 측에서 조금 심하게 흥분을 하신 것 같은데, 조금만 진정하시지요. 그리고 재판 진행은 제가 하므로 쓸데없는 말들은 이제 삼가 주십시오. 이제, 지치 변호사 변론하시지요.

네, 그러니까 저는 깔끄미 빨래 회사를 변론하기 위해 이 자리에 섰습니다. 방금 깔끄미 측의 태도는 마음에 들지 않지만, 럭셔리 호텔 측의 말도 안 되는 행태를 법정에서 가려야 했기에 끝까지 변론하도록 하겠습니다.

흥. 누구는 뭐.

으흠. 지치 변호사 계속하시지요.

럭셔리 호텔 측은 여름이라는 말도 안 되는 이유로 타월 빨래 값을 낮추려 들고 있습니다. 그렇지만 여름이라고 과연 빨래가 잘 마를까요? 여름에는 습도가 무척이나 높습니다. 그 말인즉슨, 공기 중에 물의 함유량이 그만큼 높다는 의미인데, 그래도 빨래가 잘 마를까요?

하하. 제가 잠깐 말씀 중에 끼어들어도 될는지요.

오늘은 대환영입니다. 변론하고 싶은 마음이 전혀 생기질 않네요.

뭐라고요. 저 사람이 정말!

진정하십시오. 여름에는 물론 당연히 습도가 높습니다. 그러나 빨래는 더 잘 마릅니다. 대기 속 수분 허용량이 기온이 높을수록 더욱 늘어나기 때문이지요. 그 말인즉슨, 여름에는 빨래의 물기가 증발하여 수증기가 될 수 있다는 말이지요. 그에 반해 겨울에는 수분의 허용량이 작아져 잘 마르지 않지요.

옳소. 그러니까 내말이 그 말이지요. 빨래가 더 잘 마르니 여름에는 당연히 타월 빨래비를 줄여야 한다 이 말입니다.

그렇습니다. 그럼 여름에는 타월 빨래비를 줄이신다면, 아마 겨울에는 타월 빨래비를 올려 주셔야 할 겁니다.

뭐라고요? 내가 왜요?

으흠. 그거야 당연하지요. 겨울에는 빨래가 잘 마르지 않아 난방을 하여 빨래를 말려야 한단 말입니다. 여름에는 탈수비가 덜 드니 타월 빨래비를 덜 낸다면, 겨울에는 난방을 해서 빨래를 말려야 하니, 타월 빨래비에 난방비까지 얹어 주어야지요.

날씨와 빨래에 관련된 속담!

'눈 온 뒷날에는 거지가 빨래한다'는 속담이 있는데요, 이것은 눈이 내린 다음 날에는 보통 겨울 날씨답지 않게 매우 푸근해 거지도 빨래하기 좋은 날씨라는 의미이지요. 이렇듯 빨래와 따뜻한 날씨는 떼려야 뗄 수 없는 관계에 있습니다.

어허. 그거 참, 명 해답이오.

그러게. 럭셔리 호텔 측에서 그럼 여름에는 덜 내고 겨울에는 더 주시든지요.

아니, 그게…….

판사님, 이제는 이 두 회사 모두에게 판사님의 정확한 판결이 필요할 때입니다. 부탁드리도록 하지요.

간단합니다. 여름에는 증발 속도가 빠르니까 더 많은 양의 빨래를 주문받을 수 있고 하나의 빨랫감을 말리는 데 걸리는 시간이 적으니까 겨울보다는 싸게 받아야 한다는 게 저의 생각입니다.

바람 부는 겨울 날씨

바람이 불면 왜 더 추울까요?

"아, 오늘 나의 옷맵시는 훌륭해, 퍼펙트야!"

늘 거울을 보며 아침을 시작하는 이쁘미 씨는 오늘도 자신의 옷맵시를 한껏 뽐내며 이리저리 자신의 모습을 비춰보고 있었다.

이쁘미 씨는 10분이면 출근할 수 있는 가까운 거리의 원룸에서 지내고 있었지만, 늘 아침마다 자신의 모습을 체크하느라 출근하기 두 시간 전에 일어나는 것은 기본이었다. 일어나면 분주하게 씻고서, 자신에게 가장 잘 어울리는 옷을 고르고, 자신의 모습을 거울에 비춰보는 것이 그녀의 아침 일과였다. 그리고 그 일과 속에 꼭 끼여 있는 것이 7시 뉴스에 나오는 일기예보 시청이었다. 자신에게 잘 어울리는 옷을 입는 것도 중요하지만, 그 계절에 맞는 옷을 선택하는 것 역시 빼놓을 수 없는 중요한 선택이었던 것이다.

오늘도 어김없이 이쁘미 씨는 일어나자마자 씻고서 텔레비전 앞에 앉았다. 특히 오늘 따라 이쁘미 씨가 더 일찍 눈을 뜬 것은 오늘 예정되어 있는 야유회 때문이었다.

'드디어, 기다리고 기다리던 야유회야. 회사에 갈 때는 조금 점잖은 옷들을 입는다고 신경 썼는데 오늘은 정말 내 아름다움을 맘껏 뽐낼 수 있겠는걸.'

이쁘미 씨는 야유회를 맞아 정말 멋진 옷을 입고 가야겠다고 결심했다. 그리고 일기예보에 따라 옷이 달라질 수 있기에, 귀를 쫑긋 세우고, 뉴스를 듣고 있었다.

"오늘의 날씨는……."

이쁘미 씨의 가슴이 두근거리기 시작했다. 내심 겨울이지만 조금은 포근한 날씨이길 바랐다. 그래야 더욱 화려하게 멋을 낼 수 있는 옷을 입을 수 있기 때문이었다.

"어제보다 기온이 5도 정도 올라갈 것으로 보입니다."

그 말과 동시에, 이쁘미 씨의 입에서는 절로 '야호' 소리가 터져 나왔다.

'이야, 좋아 좋아. 그럼 어제보다 5도나 기온이 올라가니, 날씨가 훨씬 따뜻하겠구나. 오늘은 지난번에 산 예쁜 가을 옷을 입어도 괜

찮겠는걸.'

이쁘미 씨는 일기예보를 철썩같이 믿고, 겨울에 어울리지 않게, 조금은 가벼운 연갈색 가을 원피스를 입고 집을 나섰다.

맘껏 멋을 부리고 갔기에 야유회에서도 이쁘미 씨는 단연 시선을 끌었다. 조금은 화려해 보이면서도 수수한 매력이 돋보이는 옷이었다. 그러나 문제는 날씨가 너무 추웠다는 것이었다. 분명 이쁘미 씨는 누구나 예쁘다고 칭찬해 마지않는 예쁜 모습이었다. 그러나 그녀는 온몸이 떨리고 이가 바득바득 갈렸다. 바람이 너무나 강하게 부는 바람에, 분명 어제보다 5도나 올랐다는 기상청의 예보를 도대체 믿을 수 없었다.

"아유, 오늘도 이쁘미 씨가 제일 예쁜걸요. 근데 안 추워요?"

속으로는 무척 춥다고 생각했지만, 이쁘미 씨는 춥다고 얘기할 수 없었다. 그렇게 끙끙대며 꾸욱 참고 있었다. 그런데 점점 몸이 차가워지기 시작하더니, 머리까지 더욱 어지러워졌다.

이쁘미 씨는 야유회를 즐기고 말고 할 것도 없이 집에 들어오자마자 뻗어 버렸다.

'맙소사. 그놈의 일기예보를 믿었다가, 오늘 된통 당했잖아. 그놈의 일기예보관을 믿나 봐라. 온도가 5도나 올라? 이 추운 날씨가. 아이고. 추워라.'

그렇게 이쁘미 씨는 야유회 이후 일주일은 끙끙대며 병원 신세를 져야만 했다. 이쁘미 씨는 생각할수록 화가 났다. 엉터리 기상 예보 때문에 자신이 피해를 입은 것이라 생각하니 더욱 억울했다. 결국 화가 난 이쁘미 씨는 방송국 기상 예보실을 상대로 소송을 걸게 되었다.

바람은 증발 효과를 일으켜 우리 몸의 열을 빼앗아 갑니다.
따라서 바람이 불면 우리 몸 주위의 공기층이 얇아져
차가운 외부 공기에 노출되고 추위를 심하게 느끼게 됩니다.

바람이 불면 왜 더 추울까요?

지구법정에서 알아봅시다.

재판을 시작합니다. 피고 측 변론하세요.

아니, 판사님. 기상 예보실이 솔직히 무슨 잘못이 있습니까? 이쁘미 씨는 지금 기상 예보실 측에서 온도가 5도가 올라갈 것이라는 말도 안 되는 주장을 했다고 얘기하셨는데, 실제로 그날 온도는 정말 5도 올라간 것으로 측정되었습니다. 그 자료로 제시하는 것이 바로, 이 기온 변화 분포표입니다. 보십시오. 분명 이쁘미 씨가 야유회를 갔다고 주장한 이날, 그 전날보다 기온이 5도나 상승한 거 보이십니까? 그러니 이쁘미 씨의 주장은 말도 안 됩니다.

으흠. 일리 있는 말이군요.

지치 변호사의 말씀 잘 들었습니다. 그러나 한 가지 의문이 드는군요. 그럼 대체 왜 이쁘미 씨는 전날보다 온도가 5도나 높은데도 추위에 떨어야만 했단 말입니까?

글쎄요. 나도 그게 의문이긴 하군요.

하하, 그래서 기상 캐스터 고하늘 씨를 증인으로 요청하는 바입니다.

고하늘 기상 캐스터는 꽤나 유명한 기상 캐스터였다. 자신만의 독특한 기상예보로 최근 많은 사람들에게 인기를 얻고 있었다.

고하늘 씨, 기상 캐스터로 맹활약하는 모습은 잘 보았습니다.

어머나. 고하늘 기상 캐스터라니. 맙소사. 정말 팬이에요, 팬.

어허. 저희 측 증인입니다. 일단 나중에 얘기하시도록 하지요.

정말. 정말. 너무 멋있으시네요.

으흠.

네, 제가 다음 스케줄이 있어서 빨리 재판을 진행해 주셨으면 하는데.

아, 네. 그러니까 몇 가지 묻고 싶은 것이 있는데요. 분명 기상예보로는 온도가 5도 올라갈 거라고 했는데, 실제로는 전날에 비해 너무 추운 날씨였단 말입니다. 그럼 기상예보가 잘못된 것이 아닌가요?

아, 추운 겨울날 예보를 할 때는 주로 그냥 온도를 얘기해 주는 것이 아니라, 체감온도를 얘기해 주곤 하지요.

아하. 그럼 그냥 온도랑 체감온도가 다르다는 말씀이십니까?

다르지요. 바람이 많이 부는 날에는, 실제 기온에서 느끼는 추위보다 더 심한 추위를 느낀답니다.

예? 대체 왜 그런 건가요?

아, 그것은 바람이 증발 효과를 일으키기 때문이지요. 바람이 우리 몸의 열을 빼앗아 가기 때문에 체온이 낮아질 수밖에 없지요. 게다가 바람이 불면 우리 몸 주위의 공기층이 날아가 얇아진답니다. 그럼 차가운 외부 공기에 직접 노출되는 것과 마찬가지지요. 그러니 더 추울 수밖에요.

아하, 그렇군요.

그럼요. 기온은 0도인데 산들바람이 불면 체감온도는 영하 3도로 떨어지는걸요. 게다가 강한 바람이 불 때는 영하 10도가 될 수도 있는 것이 바로 체감온도입니다.

이야. 역시 우리 고하늘 캐스터는 무언가 달라도 다르군요.

아니, 뭐.

그럼 이쁘미 씨가 야유회에 간 그날은 실제 온도는 전날보다 5도 상승했으나, 바람이 많이 불어서 체감온도는 전날보다 더 낮아진 것이라 볼 수 있겠군요.

네, 그렇지요. 이야. 제대로 이해하셨는걸요.

판사님, 어떻습니까? 그렇다면 체감온도를 말해 주지 않은 기상 예보실에 책임을 물어야 하는 것 아닙니까?

그게 아니라, 체감온도를 알아보지 않고, 그저 온도가 올라갈 것이라는 말만 듣고 옷을 코디한 이쁘미 씨에게도 잘못이 있지요. 판사님, 현명한 판결 부탁드립니다.

판결합니다. 겨울철 일기예보는 온도뿐 아니라 바람의 세기를

알려주어 예상 체감온도를 알려주는 것이 기상 캐스터의 의무라고 생각합니다. 그러므로 앞으로 겨울 일기예보에서는 체감온도를 정확하게 추정하여 사람들에게 알려주도록 관계 기관에 의뢰하겠습니다.

기상 현상

물의 순환

비는 어떻게 만들어질까요? 이 세상에 있는 물은 절대 사라지지 않습니다. 비가 되어 내렸다가 강물이 되어 흘러 바다로 갔다가 다시 수증기로 증발하여 구름이 되었다가 다시 비나 눈이 되고, 이런 일들이 계속 반복됩니다.

물을 끓일 때 나오는 하얀 김은 수증기가 아닙니다. 수증기는 눈에 보이지 않은 기체이고 하얀 김은 액체 상태의 작은 물방울들입

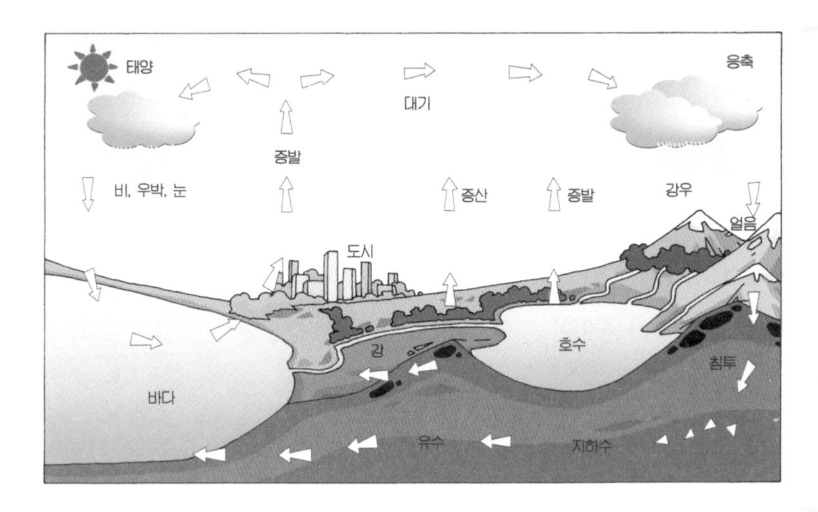

니다.

즉 물은 대기에도 있고 땅에도 있습니다. 그런데 대기 중에서는 주로 기체 상태의 수증기로 존재하죠.

대기 중에 있는 모든 수증기가 물이 되어 지구로 떨어진다면 지구 전체를 2.6센티미터 두께로 덮을 수 있을 정도입니다.

구름이 있으면 항상 비가 올까요?

그렇지 않습니다. 비가 되어 떨어지려면 물방울의 지름이 적어도 1밀리미터는 되어야 합니다. 즉 물분자들이 엄청나게 많이 달라붙어야 이런 크기가 됩니다. 구름 속에 있는 물방울은 보통 0.01밀리미터 정도죠. 그러므로 너무 가벼워 둥둥 떠다니는 것입니다. 이것이 바로 구름입니다.

구름이 있는 곳은 높은 곳이므로 매우 춥습니다. 그러다 보니 물방울만 있는 게 아니라 얼음 덩어리들도 있는데, 그 얼음 덩어리에 물방울이 달라붙으면 금방 커지고 무거워져서 떨어집니다. 그게 바로 눈이나 비죠. 즉 눈과 비는 같은 것입니다.

물방울이 달라붙은 얼음 덩어리가 내려오면서 온도가 올라가서 녹아 모두 물방울이 되어 달라붙으면 비가 되는 거고, 날씨가 추워 얼음 덩어리가 잘 녹지 않으면 눈이 되는 것이죠.

인공적으로 비를 만들 수 있을까요?

인공적으로 내리게 하는 비를 인공비라고 하는데, 구름이 없을 때는 비를 내리게 할 방법이 없습니다. 그렇지만 구름이 있을 때는 빗방울이 되지 못한 물방울에 얼음 덩어리 역할을 하는 걸 넣어주면 비가 되어 떨어지게 할 수 있습니다. 구름 속에 요오드화은이나 드라이아이스를 뿌려 주면 얼음 덩어리가 만들어지고 그 주위에 물방울들이 달라붙어 비가 내리게 되는데, 이것이 바로 인공비입니다.

요오드화은 : 요오드와 은의 화합물로 감광성이 있어 사진을 현상하는 데 쓰인다.

드라이아이스 : 고체 상태의 이산화탄소.

날이 더워지면 대기 중의 수증기가 무한정 많아질까요?

그렇지 않습니다. 커피에 설탕을 듬뿍 넣으면 일부는 물에 녹아 단맛을 내지만, 어느 정도 물에 녹고 남은 설탕은 바닥에 고이죠?

그런 걸 유식한 말로 용해도라고 합니다. 마찬가지로 대기 중에 있을 수 있는 수증기의 양에도 한계가 있습니다. 즉 그 한계를 넘으면 더 이상 수증기가 생기지 않죠. 대기 속에 있을 수 있는 최대 수증기의 양을 포화 수증기량이라고 부릅니다. 대기 중에 수증기가 많아 습한 날에는 물이 증발하기 어렵습니다. 반면에 건조할 때는 물이 많이 증발됩니다.

습도 이야기

습도는 다음과 같이 정의할 수 있습니다.

$$\text{습도}(\%) = \frac{\text{수증기량}}{\text{포화 수증기량}} \times 100$$

즉 포화 수증기량에 대한 수증기량의 비율을 퍼센트로 나타낸 것이 습도입니다.

겨울철 실내 습도가 낮아지는 이유는 뭘까요? 겨울철에도 실내나 실외나 수증기의 양은 비슷하지만, 실외는 추우니까 포화 수증기량이 작고 실내는 난방을 하니까 온도가 올라가 포화 수증기량이 커집니다. 그러니까 실내의 수증기량이 상대적으로 작아져서 실내 습도가 낮아집니다. 그래서 겨울철에는 실내 습도를 조절하기 위해 가습기를 사용하는 집이 많죠.

제4장

지구의 기후에 관한 사건

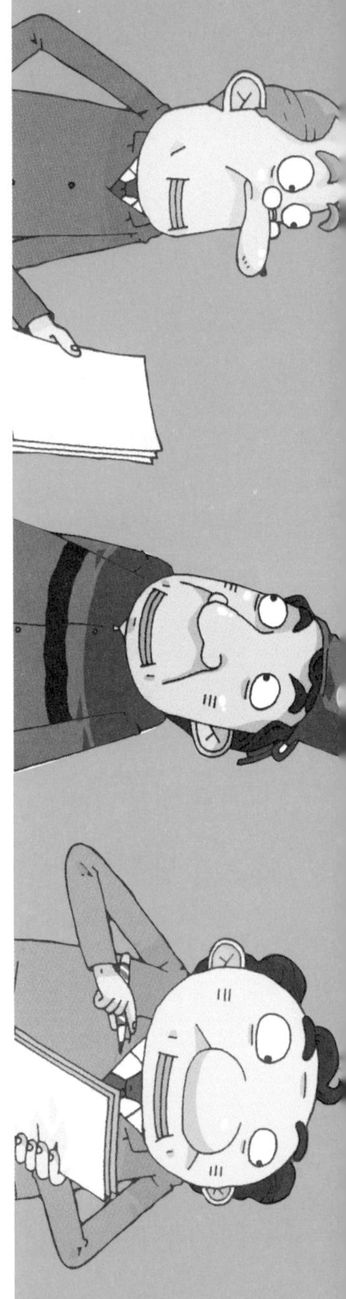

극지방의 기후 – 남극과 북극, 어디가 더 춥지?

열섬 현상 – 뜨거운 도시

사막의 기후 – 사막 신혼여행

황사 현상 – 황사와 삼겹살

꽃샘추위 – 콜드 감기 전문 병원

스모그 현상 – 자동차 공장과 안개

남극과 북극, 어디가 더 춥지?

세계에서 제일 추운 곳은 어디일까요?

세계 기네스 협회는 다양한 기록들을 보유하고 있다. 키가 가장 큰 사람부터, 아이큐가 가장 높은 사람까지, 수치로 나타낼 수 있는 거면 뭐든 그중 최고를 가려내곤 했다. 그중에 최근 화제가 되고 있는 것은 가장 추운 나라는 어디인가 하는 문제였다.

크리스마스가 다가옴에 따라 산타의 본거지가 어디인가 하는 논쟁이 일어났는데, 그 논쟁이 가장 추운 나라는 어디인가 하는 논쟁으로 이어진 것이다. 산타는 두터운 빨간 망토를 덮고, 눈을 헤치는 사슴들을 타고 온다. 따라서 분명 가장 추운 나라에서 산타가 날아

올 것이라고 예상한 것이었다. 그래서 그런지 아이들까지도 가장 추운 나라는 과연 어디인가 하는 논쟁에 관심을 기울였다.

기후 조건과 환경을 엄격히 심사한 결과, 여러 나라들 중 남극에 있는 사우스와 북극에 있는 놀스가 가장 추운 나라의 마지막 후보로 올랐다.

"당연히 남극에 있는 사우스가 더 춥지."

"아냐, 무슨 소리야. 북극에 있는 놀스가 더 춥지."

사람들의 의견은 팽팽하게 맞섰다. 그러나 누구 하나 합리적인 이유를 대며, 어디가 더 추운지는 얘기하지 못했다. 남극도 북극도 얼음으로 뒤덮여 있을 뿐만 아니라, 실제로 남극과 북극을 모두 가 본 사람도 없었기에 물어볼 수도 없었던 것이다.

"이럴 때 남극이랑 북극을 모두 다녀온 사람이 있다면 좋을 텐데 말이야. 그 사람에게 어디가 더 춥냐고 물어보면 확실하지 않겠어."

"그러게. 남극에 가 본 사람들은 북극에 가 본 적이 없고, 북극에 가 본 사람들은 남극을 가 보지 못했다니, 알 길이 없구나."

격한 논쟁이 이어지고, 결국 사람들은 남극과 북극 중에 어디가 더 추운지에 대한 호기심으로 더욱 불타올랐다. 그 와중에 사우스와 놀스 역시 서로 자기네 나라가 최고로 춥다며 끊임없이 분쟁을 일으켰다.

보다 못한 세계 기네스 협회 측에서는 남극에 있는 나라인 사우스와 북극에 있는 나라인 놀스 중 어디가 더 추운지 밝혀 달라고 지구법정에 의뢰하였다.

남극이 북극보다 비열이 더 작은 고체 상태의 빙하로
둘러싸여 있어 더 쉽게 차가워집니다.
따라서 남극이 북극보다 더 춥습니다.

남극과 북극 가운데 어디가 더 추울까요?

지구법정에서 알아봅시다.

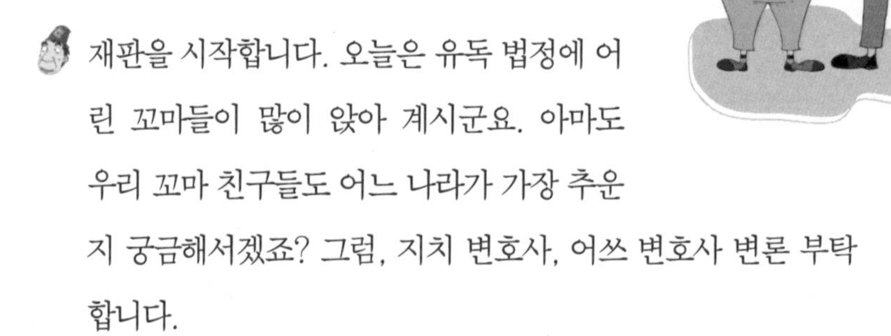

재판을 시작합니다. 오늘은 유독 법정에 어린 꼬마들이 많이 앉아 계시군요. 아마도 우리 꼬마 친구들도 어느 나라가 가장 추운지 궁금해서겠죠? 그럼, 지치 변호사, 어쓰 변호사 변론 부탁합니다.

판사님, 당연히 북극이 더 춥습니다.

왜 그렇지요?

생각해 보십시오. 북극곰은 곰 중에서 추운 지역에 적응하여 사는 대표적 곰입니다. 만약 남극이 가장 추운 곳이라면 남극곰도 있었겠지요. 하지만 남극곰? 무언가 이상하지 않습니까?

뭐, 그런 것 같기도 하고.

그것뿐만이 아닙니다. 우리 과학공화국에서도 위쪽 지방으로 올라가면 갈수록 더 춥지 않습니까? 위로 올라가면 무엇이 나옵니까? 바로 북극이지요. 그런고로, 북극이 가장 춥습니다.

우리나라에서 위로 올라갈수록 더 추운 것은 우리가 북반구에 있기 때문이지요. 적도를 기준으로 북반구와 남반구로 나뉘는데, 남반구로 가면 당연히 남쪽으로 갈수록 더 춥습니다. 그러니까 지치 변호사가 제시한 근거는 적합하지 않습니다.

그래, 그건 그렇다 쳐도 북극곰은요? 그럼, 지금 어쓰 변호사는 남극곰이 있다 주장하는 겁니까? 그런 주장이걸랑 펼치지도 마세요. 내가 같은 변호사로서 부끄러우니.

걱정을 마십시오. 저는 더욱 과학적인 증거로 여러분들을 이해시킬 테니까요.

만날 자기 주장만 과학적이래. 웃기셔.

저는 해양생태 학계 회장이신 김바다 씨를 증인으로 요청합니다.

날쌘 갈치처럼 삐쩍 마른 40대 중반의 사내가 증인석에 앉았다.

김바다 씨, 여기까지 와 주셔서 감사합니다. 실은 김바다 씨가 최근 조사한 결과가 있다고 해서 제가 특별히 증인 요청을 한 것인데요. 무엇을 조사하셨나요?

극지방의 해양 생물에 대해 조사하던 중 남극과 북극 중 어디가 더 추운지 알게 되었습니다. 그래서 조만간 논문을 발표할 생각입니다.

그럼 그 논문 발표 전에 저희에게 먼저 얘기해 주실 수 있으신가요?

안 됩니다.

아니. 그럼, 왜 나오신 건지?

제 논문이 곧 발표된다는 걸 여러분들에게 알리기 위해서지요. 뭐, 굳이 말하자면, 홍보효과라고나 할까?

증인, 법정에서 증인은 변호사가 묻는 말에 대답해야 할 의무가 있습니다. 그것이 특히 사건과 관련된 것일 때는요.

음. 그럼 대충 대답하고, 자세히 얘기 안 해도 되는 거죠?

증인!

알았다고요, 알았어요. 지금 다들 궁금한 게 남극과 북극 중 어디가 더 추운가 하는 것이지요. 결론부터 얘기하자면, 남극이 더 춥지요.

북극에도 남극에도 모두 얼음이 있는데, 남극이 더 춥다고 확신하시는 이유는 뭡니까?

믿기 싫으면 믿지 마시구요.

빙하와 빙산

빙하는 육상에 엄청난 눈이 쌓이고 또 쌓이면서 만들어진 커다란 얼음 덩어리가 중력에 의해 강처럼 흐르는 것을 말합니다. 이러한 빙하의 상태는 장기적으로 기후의 변화를 추정하는 데 중요한 지표가 되지요.

빙산은 육지의 커다란 빙하가 너무 무거워져 여기에서 떨어져 나와 호수나 바다로 흘러 다니는 얼음 덩어리를 말합니다. 빙산 중에는 바다에 떠 있는 하얀 섬처럼 엄청나게 큰 것들도 있습니다. 또 빙산의 대부분인 약 85%가 바다 속에 잠겨 있고 바다 위로 보이는 것은 약 15%이기 때문에 빙산 가까이에 배를 대는 것은 매우 위험합니다.

증인!

알았어요. 그게 아니라, 북극에도 물론 얼음이 있지요. 근데, 북극에는 얼음이 바다에 떠 있단 말입니다. 그에 반해 남극은 대륙으로 되어 있는데 그 위에 두꺼운 빙하가 덮여 있지요.

조금 이해가 안 되는데, 그게 무슨 상관이 있단 말입니까?

액체인 물은 비열이 커서 쉽게 차가워지지 않습니다. 북극의 바다 같은 경우이지요. 그런데 그에 반해 고체인 얼음은 비열이 무척이나 작지요. 그래서 쉽게 차가워진답니다. 그런고로, 남극은 고체인 얼음으로 뒤덮여 있기 때문에 쉽게 차가워질 수밖에 없지요. 그러니 똑같이 얼음이 있더라도, 있는 상태가 달라서, 남극이 더 추운 겁니다.

아하, 그렇군요. 판사님, 이 정도면 충분히 설명이 된 것 같은데요.

맞아요. 그 정도면 모든 사람들이 남극이 더 춥다는 것을 인정할 겁니다. 이것으로 판결을 마치기로 하죠.

재판 후, 세계 기네스 협회에서는 남극의 사우스를 가장 추운 나라로 기록하였다. 사우스 나라 사람들은 기네스북에 오르게 된 것을 무척이나 기뻐하였다. 분명 기네스북에 오르면 관광객도 많이 찾고, 나라의 인지도도 높아지기 때문이었다. 그러나 가장 추운 지역이라는 사람들의 인식이 도리어 관광객 숫자를 줄어들도록 만들

었다. 그래서 남극에 있는 사우스 나라 사람들은 되레, 자신들이 가장 추운 지역이라는 기록을 기네스북에서 빼 달라고 주장하고 나섰다.

뜨거운 도시

열섬 현상이란 무엇일까요?

과학공화국에 있는 여의주 시는 새로운 도로의 개발로 갑자기 교통의 중심지가 되었다. 그에 따라, 처음에는 논과 밭이 대다수를 이루던 지역에 고층 건물이 하나둘 들어서기 시작하였다. 그리하여 여의주 시는 고층 건물들이 빽빽이 들어선 도시가 되고 말았다.

그래도 여의주 시에서 유일하게 고층 건물에게 내주지 않은 땅이 있었으니 그게 바로, 녹지 공원이었다. 원래 풀이 많고, 다양한 나무가 있던 여의주 시에서 녹지 공원은 도시의 옛 정취를 느낄 수 있는 유일한 곳이었다. 녹지 공원의 규모는 과학공화국에서 3대 녹지 공원으로 꼽힐 만큼 어마어마했다. 시민들 역시 도시의 빼곡한 빌딩들 사이에 있는 녹지 공원을 무척이나 사랑했다. 뭔가 갑갑한 느낌이 가득한 도시에서 유일하게 탁 트이고, 시원한 쉴 수 있는 공간이었던 것이다.

그러나 최근 여의주 시에 진출하고 싶어 하는 많은 기업들이 녹지 공원을 사들이고 싶어 했다. 처음에는 완강히 녹지 공원만은 안 된다는 입장을 고수해 오던 시에서도 점점 높은 가격을 제시하자, 마음이 흔들리기 시작했다. 그러던 중, S기업에서 시세의 열 배가 넘는 땅값을 내고 녹지 공원을 매입하고 싶다고 제안했다. 결국 고민하던 시에서는 그 엄청난 액수의 유혹을 못 이기고, 녹지 공원을 처분하였다.

녹지 공원이 매각되었다는 얘기를 들은 사람들은 처음에는 그다지 심각하게 생각하지 않았다. 그저 쉴 공간이 사라진 것을 아쉬워하는 정도일 뿐이었다. 그런데 S기업에서 녹지 공원을 없애고 높은 빌딩을 세우기 시작하면서부터 문제가 생겨나기 시작했다.

여의주 시는 안 그래도 더운 도시였지만, 그래도 견딜 만했었다. 그런데 녹지 공원이 사라지고서 맞는 첫 여름, 여의주 시의 온도가 급격히 오르기 시작했다. 많은 사람들이 일사병에 걸리고, 지역 주민들은 자꾸만 높아져 가는 온도 때문에 밤에 잠도 제대로 잘 수 없었다.

"이건 분명, 시에서 녹지 공원을 팔았기 때문에 생긴 일이에요."

"맞아요. 녹지 공원이 없어지고 나서 이렇게 도시의 온도가 올라가는 걸 보니, 분명 녹지 공원의 영향이 커요."

"데모를 합시다. 다시 녹지 공원을 매입하라고, 시에 건의해 봅시다."

여의주 시의 주민들은 녹지 공원 되찾기 운동을 펼치기 시작했다. 그렇지만 S기업에서도 이미 지어 놓은 건물을 없앨 생각이 없다고 강하게 나왔고, 시에서도 다시 녹지 공원을 매입하는 것은 불가능하다고 발표했다.

주민들은 무책임한 시의 태도에 화가 났다. 그래서 여의주 시 주민들은 시청을 상대로 지구법정에 집단 소송을 하기에 이르렀다.

열섬 현상이란 도시의 기온이 교외 지역보다 2~5℃ 높아지는 현상으로, 산업화와 도시화가 그 원인이다. 녹지 면적의 감소와 인공 시설물이 내뿜는 인공열, 대기오염 등으로 도시 상공의 기온이 높아지는 것이다.

열섬 현상이란 무엇일까요?
지구법정에서 알아봅시다.

피고 측 변론하세요.

물론 녹지 공원을 여의주 시에서 팔기는 했지만, 그것이 대체 뭐가 문제란 말입니까? 녹지 공원을 판 돈으로 시에서는 대신 많은 편의시설을 주민들을 위해 설치해 주었습니다. 그때는 주민들도 좋아하지 않았습니까? 지금 다들 도시의 온도가 높아지고 있고 열대야 현상 때문에 힘들다고 하지만, 그것이 어찌 녹지 공원 때문입니까? 환경오염으로 인하여 자연의 횡포는 더욱 심해졌습니다. 그러므로 올 여름 들어 부쩍 더워진 것은 녹지 공원이 없어졌기 때문이 아니라, 환경오염이 더욱 심각해졌기 때문입니다. 그러니 녹지 공원이 사라져서 도시가 더워졌다는 생각은 모두들 버리시기 바랍니다.

좋습니다. 원고 측 변론하세요.

정말, 녹지 공원이 없어진 것과 도시가 더워진 것이 관련이 없다고 생각하십니까?

당연한 말씀을! 녹지 공원이 무슨 에어컨입니까. 녹지 공원이 있으면 시원하고 없으면 더워지게.

그럼 지치 변호사의 이해를 돕기 위해서라도, 사회 과학자이신 최똑똑 박사님을 증인으로 요청합니다.

120센티미터도 안 되는 땅딸막한 키에, 박사로 보이지 않는 엉성한 걸음걸이로 웬 남자가 등장했다.

박사님, 박사님 어디 계십니까?

증인석에 앉아 있소만.

아…… 맙소사. 죄송하지만, 박사님이 보이질 않아서 그런데, 박사님께서는 증인석에 서 있어 주시겠습니까?

음. 그러도록 하지요.

박사가 증인석에 섰지만, 그 누구도 박사가 서 있다고 생각하지 않았다. 보통 증인들이 앉아 있는 것과 똑같은 높이였던 것이다.

열섬 현상을 해결할 수 있는 방법은 없나요?

열섬 현상의 원인은 급격한 도시화로 인한 인공열의 증가입니다. 도시의 콘크리트와 아스팔트 구조물 등은 열을 보존하는 성질이 뛰어나 도시 상공의 기온을 상승시키고 도시인들이 막대한 에너지를 사용하는 것도 기온 상승의 원인이 됩니다.
따라서 태양열을 식혀 주는 녹지 공원을 지속적으로 늘려 나가고, 근본적으로는 도시에 밀집된 인구를 분산시키는 것이 열섬 현상의 바람직한 해결책이라 할 수 있습니다.

분명 10센티미터 키높이구두를 신고 왔는데. 다음번에는 아무래도 30센티미터 키높이구두를 신어야겠어.

예? 박사님?

아, 혼잣말입니다. 뭐든 물어보시죠.

예. 박사님, 실은 여의주 시에서는 녹지 공원이 없어지자 많은 주민들이 도시가 너무 더워졌다고 주장하고 있습니다. 그게 일리가 있는 말인가요?

열섬 현상이라고 들어 보셨나요?

열섬 현상요?

대도시 도심이 외곽보다 더워 마치 열의 섬인 것처럼 여겨지는 현상을 열섬 현상이라고 하지요.

아, 그렇다면……

건물이 밀집된 도심은 건물에 설치된 에어컨에서 나오는 열과, 자동차 배기열, 아스팔트 반사열 등 열이 많아서 다른 곳보다 더워지게 마련이지요.

박사님, 다른 것은 다 이해가 되는데, 에어컨은 시원하게 해주는 건데 무슨 열이 나온단 얘기신지?

아, 에어컨이 실내를 시원하게 해주는 것은, 실내의 열을 바깥으로 빼내기 때문이지요. 그래서 에어컨을 틀어 놓은 건물 바깥에는 엄청난 열이 생기게 마련이지요.

아, 여름철 아스팔트 도로에서 올라오는 열들도 다 그와 같은

이치이군요.

그렇습니다. 이러한 열섬 현상을 줄이려면 도심에 숲과 녹지 공원이 있어야 하겠지요.

그렇다면, 녹지 공원이 다시 생겨야만, 도시의 높아진 온도가 내려갈 수 있단 얘기시군요.

그렇습니다.

판사님! 이해되셨죠?

충분히 이해했습니다. 도심에 공원이 있으면 우리 같은 늙은 이들이 산책하기도 좋고 맑은 공기도 마시고 좋지요. 그런 고마운 공원이 도시의 온도를 조절하는 역할도 한다니 반드시 있어야 하겠군요. 그러므로 도심공원을 없애지 못하게 하는 법령을 관계기관과 협의해 만들도록 추진하겠습니다.

사막 신혼여행

사막은 밤낮으로 덥기만 한 곳일까요?

홍실과 청실 씨는 10년 동안 연애를 해 온 찰떡궁합 커플이었다. 처음 만나는 순간부터 서로에게 끌렸고, 그래서인지 10년 동안 연애를 하면서도 단 한 번도 싸운 적이 없었다. 이제는 서로 눈빛만 봐도 무슨 말을 하려고 하는지 느낌만으로 알 수 있었다.

그렇게 10년간의 연애를 마치고, 홍실과 청실 씨는 결혼을 하게 되었다. 둘의 결혼 생활은 무척이나 행복했다. 그러나 막상 결혼하고 나니 행복한 시간은 그리 오래가지 않았다. 둘 다 마땅한 직업이 없었기 때문에 매일 여러 가지 아르바이트로 생활을 유지해야만 했던 것이다.

힘겹게 돈을 벌고, 아이들을 위해 저축하고, 그렇게 20년의 세월이 흘렀다.

"홍실 씨, 우리 20년 전에는 정말 여행도 많이 다니고, 남부러울 것 없는 예쁜 커플이었는데, 그죠?"

"청실 씨, 우리도 이제 조금 여유를 가져도 될 것 같아요. 당신만 좋다면 난 여행을 떠나고 싶은데……."

"정말요? 그럼 나야 너무 좋죠. 아, 어디로 여행을 떠날까요?"

"글쎄요. 내가 아는 여행사가 있으니 그곳에 한 번 물어볼게요. 어디가 괜찮은지."

홍실 씨와 청실 씨는 오랜만에 여행을 떠난다는 생각만으로도 설레었다.

"저, 드림 여행사죠? 여행을 가려고 하는데요. 요즘 어떤 여행지들이 괜찮은지?"

"아, 요즘 여행 상품으로 괜찮은 패키지들이 많이 나오지요. 좋은 시기에 전화 잘 하셨네요."

"그럼, 어디를 추천해 주실는지?"

"신기한 여행 탐험이라고, 이번에 저희 드림 여행사에서 사막 탐험 패키지로 야심 차게 준비했는데, 그건 어떠세요?"

"사막 탐험요? 음…… 괜찮나요?"

"원래 첫 번째로 열리는 패키지는 사람들에게 홍보 효과도 있어야 하기 때문에 무조건 좋은 패키지를 추천해 드리지요. 아마, 갔다 오시면 정말 평생 못 잊을 좋은 추억을 갖게 되실걸요."

홍실 씨와 청실 씨는 드림 여행사 직원의 말에 솔깃했다. 사막이라는 미지의 세계를 탐험해 보는 것도 재미있을 것만 같았다.

"좋아요. 그럼 두 사람 신청해 주세요. 참 그럼 어떤 것들을 준비해야 하죠?"

"음. 일단 사막은 무척이나 더우니까 아주 시원한 복장을 입고 오셔야겠지요."

"아, 예. 알겠습니다. 그럼 출발 당일날 시간 맞춰서 가도록 하겠습니다."

"예, 저희 드림 여행사를 이용해 주셔서 감사합니다."

홍실 씨와 청실 씨는 여행을 떠난다는 그 자체가 설레고 신이 났다. 그래서 사막을 간다는 생각에 들떠 하며, 사진기랑 시원한 옷들을 주섬주섬 챙겨 넣었다.

출발 전날 부부는 사막에 간다는 생각에 설레 계속 잠을 설쳐 댔다. 드디어 여행 당일이 오자, 여름옷들 중에서도 가장 가볍고 시원한 민소매에 짧은 반바지를 입은 채 출발 장소로 갔다.

"지금 여기는 조금만 덥지만, 사막에 가면 정말 덥겠죠?"

"아무래도 그렇겠지."

"그럼, 더 시원한 옷을 입을 걸 그랬나 봐요."

"에이. 이 정도면 됐지, 뭐."

그렇게 부부는 오순도순 손을 잡고 20년 만에 첫 여행을 떠났다.

그러나 이게 웬일인가? 사막여행 3박 4일 동안 밤만 되면 갑작스레 온도가 뚝뚝 떨어지는 것이었다. 너무 추워 밤에는 잠을 제대로 이루지 못할 정도였다. 그러나 홍실 씨와 청실 씨 모두 챙겨온 옷들이라고는 얇디얇은 나시나 반바지밖에 없었다. 결국 감기에 걸려서 마지막 날 여행은 둘 다 구경도 제대로 하지 못한 채 연신 기침만 해 댔다.

"우리의 여행이, 에취. 아휴. 빨리 집에 돌아갔으면 좋겠어요. 너무 추워요. 낮엔 너무 덥구."

"그러게, 여보. 고생이 많구려. 근데 이런 나쁜 여행사를 봤나. 분명 덥다고 시원한 옷만 챙겨 오라고 해 놓고선, 대체 밤에 우릴 얼려 죽일 작정이야 뭐야."

홍실 씨와 청실 씨는 20년 만에 떠난 특별한 여행을 드림 여행사가 망쳐 놓은 것만 같은 기분이 들었다. 결국 화가 난 부부는 드림 여행사를 상대로 지구법정에 소송을 하였다.

사막의 모래는 비열이 작아서 낮에는 금방 뜨거워지고
밤에는 금세 차가워져 일교차가 매우 큽니다.

사막 기후의 특징은 뭘까요?

지구법정에서 알아봅시다.

판결을 시작합니다. 원고 변론하세요.

친애하는 판사님, 홍실 씨와 청실 씨 부부는 20년 만에 첫 여행을 떠났습니다. 이 여행이 그들에게 어떤 의미인지 아십니까?

판사님은 바쁜 사람입니다. 그런 사사로운 여행의 의미까지 다 아셔야 할 분이 아니란 말입니다.

지치 변호사! 생각해 보십시오. 20년 만에 떠난 여행이란 말입니다. 20년 만의 여행! 분명 더 화려하고 멋진 자신만의 여행을 기대했을 겁니다. 그런데 지금 돌아온 홍실 씨와 청실 씨 부부의 꼴을 보십시오. 둘 다 감기에 걸려서 골골대고. 세상에. 이러려고 여행을 간 건 아니란 말입니다.

아니, 감기에 걸린 것이 무슨 '드림 여행사 책임이다'는 식으로 얘기하는데요, 말도 안 되지요.

왜 말도 안 된다는 겁니까?

드림 여행사가 무슨 그 부부에게 감기 바이러스를 투입했습니까? 아님, 감기에 걸리라고 시켰습니까?

물론 아니죠. 그렇지만 부부는 여행을 떠나기 전 드림 여행사

직원에게 분명히 물었지요. 준비물이 뭐냐고. 그랬더니, 뭐라고 했습니까? 너무나 더우니까 짧고 시원한 옷들을 챙겨 오라고 했지요. 그게 화근이란 말입니다.

어쓰 변호사! 사막은 정말 더운 곳입니다. 드림 여행사가 무슨 틀린 말을 했습니까?

휴. 도저히 안 되겠네. 증인 요청합니다. 세계 곳곳을 돌아다니며 전 세계를 일주하신 한아비 교수님을 증인으로 요청하는 바입니다.

두꺼운 외투와 털모자, 귀마개까지 낀 40대 중반의 남자가 헐레벌떡 뛰어 들어왔다.

아, 아니…… 한아비 교수님, 지금은 여름인데…….

아, 그게 오늘 알래스카에 갔다가 급히 돌아오는 바람에, 아직 옷도 못 갈아입었군요.

그러시구나. 어쨌든 이렇게 급히 재판에 참여해 주신 거 대단히 감사드립니다.

뭘 그 정도를 가지고.

혹시 사막은 여행해 보셨는지요?

어이구. 지금 세계 일주를 한 저에게 농담하시는 겁니까? 당연히 다녀와 봤지요.

그럼 대체 사막이라는 곳은 어떤 곳입니까?

으흠. 사막이 어떤 곳이라…… 사막은 바다에서 멀리 떨어져 있거나, 바다와의 사이에 높은 산이 가로막고 있어서 물기를 머금은 공기가 들어오지 못해서 생기는 지형이지요.

아하, 그렇구나.

거의 위도 15도에서 20도 사이에 생긴다고 보시면 될 겁니다.

근데 그럼 사막에는 대체 왜 그렇게 모래가 많은 거죠?

그거야, 사막의 바람은 마른 바람이라 구름이 생기지 않으니 비도 오지 않지요. 그런데 바람만은 아주 강하게 분다 이겁니다. 그 강한 바람에 그 지역에 있던 암석들이 아주 잘게 부서져 작은 모래가 되는 거지요.

아하, 그럼 사막에 갈 때 유의해야 할 사항이라든지, 꼭 알아야 할 것이 있습니까?

음, 아무래도 사막은 일교차가 무척 큰 지역이지요. 사막의 모래는 비열이 작아서 낮에는 금방 뜨거워지고 밤에는 금방 차

사막 상식!

사막은 식물이 자라기 힘든 지역이기는 하나 식물이 전혀 살 수 없는 곳은 아니며, 희박한 상태이기는 하나 풀과 관목이 자랍니다. 또한 사막은 전 세계육지 면적의 1/10을 차지합니다.
보통 사막은 한랭 사막, 중위도 사막, 열대 사막으로 분류되는데 열대, 중위도 사막의 연평균강수량은 250mm, 한랭 사막의 연평균강수량은 125mm로 강수량이 매우 적습니다. 한랭 사막에서는 추운 날씨 때문에 식물이 자라지 못합니다.

가워져요. 예를 들어 사라하 사막의 경우만 봐도, 낮에는 52도이나, 밤에는 영하 3도의 온도를 나타내지요.

맙소사. 그럼 일교차가 무려 55도란 말이군요.

그렇지요. 그러니 감기에 걸리지 않도록 더욱 조심해야겠지요.

감사합니다. 정말 많은 도움이 되었습니다. 판사님, 어떻습니까? 드림 여행사에서는 미리 이러한 사실을 부부에게 알려주지 않았기 때문에 부부는 시원한 옷들만 챙겨간 것입니다. 두꺼운 옷들을 챙겨 갔더라면, 심한 일교차도 잘 견딜 수 있었을 텐데, 아무 준비가 없었던 홍실 씨와 청실 씨가 감기에 걸린 것은 어찌 보면 당연한 결과지요.

판결합니다. 사막과 같은 오지로 갈 때는 그곳의 기후를 충분히 인지하고 그 준비를 해야 한다고 생각합니다. 물론 그에 대해서는 여행사가 관광객들에게 고지할 책임이 있다고 보아, 이번 감기 사건은 전적으로 여행사의 책임이라고 판결합니다.

황사와 삼겹살

삼겹살에 들어 있는 지방은 우리 몸에 좋을까요?

과학공화국은 봄만 되면 골치를 앓는 문제가 하나 있다. 그건 바로, 황사였다. 올해도 어김없이 황사로 인한 피해가 곳곳에서 나타나고 있었다.

"이놈의 황사. 요즘 이래서 봄이 오는 것도 겁난다니까."

"그러니까, 오늘도 마스크 챙겼지? 마스크 끼고 나가는 거 잊으면 안 돼."

과학공화국은 봄에 황사가 심해 봄이 다가온다 싶으면 사람들이 가장 먼저 준비하는 것이 마스크였다. 거리를 나가 보면 마스크를 끼지 않고 길을 걷는 사람은 그 누구 하나 찾을 수 없었고, 모두들 웬만해서는 바깥출입을 자제했다.

이비인후과에서는 유독 환자들이 늘었고, 대부분이 호흡기 질환을 호소하는 환자들인지라, 호흡기 관련 보조 용품들도 불티난 듯이 팔렸다.

뚱띠 삼겹살에서는 사람들이 자꾸만 외출도 자제한 채, 집에만 있으려는 경향이 강해지자, 이 사태를 가만히 지켜보고만 있을 수는 없었다.

"여보, 이번 봄 매출이 다른 계절에 비해 뚝 떨어졌어요. 이대로 있다간 쫄딱 망할지도 몰라요."

"으흠. 그러게. 그냥 이대로 있어서는 안 되겠어."

한참을 고민하던 뚱띠 삼겹살 주인은 가게 홍보를 위해 대대적인 광고를 하기로 하였다.

"사막의 황사로부터 우리 몸을 지킬 수 있는 안티 황사 삼겹살 메뉴!"

황사를 겨냥한 삼겹살 주인의 획기적인 광고였다. 사람들은 처음에 어리둥절하다가, 순식간에 폭발적인 반응을 보였다.

"아…… 황사 때문에 밖에 나가는 게 겁나. 그래도 맛난 것도 좀 사 먹고 싶은데."

"우리 그럼 뚱띠 삼겹살 갈까? 사막의 황사로부터 우리 몸을 지키는 안티 황사 삼겹살이나 먹는 거지 뭐."

"그럴까? 이야, 군침 도는데."

안티 황사 삼겹살 메뉴는 순식간에 온갖 보도 매체를 타고 소개되었다. 또 사람들은 너도나도 삼겹살도 먹고, 황사로부터 몸도 보호할 수 있으니 일석이조라며 극찬을 아끼지 않았다.

그러나 뚱띠 삼겹살 주위의 고깃집들은 전혀 장사가 되지 않았다. 다른 가게 주인들은 점점 화가 나기 시작했다.

"요즘 뚱띠 삼겹살만 장사가 잘되지, 우리는 무슨 파리만 날려."

"아니, 솔직히 삼겹살이 무슨 뛰어난 기능이 있다고 황사로부터 몸을 보호해. 말도 안 돼."

"그러게. 이거 소비자를 우롱하는 거 아냐."

"신고할까요?"

"그래, 그래요."

다른 고깃집 주인들은 장사가 잘되지 않자, 뚱띠 삼겹살집 광고에 의문을 품기 시작했으며 그에 따라 일제히 반발심을 가지게 되었다. 결국 다른 고깃집들의 소송으로 뚱띠 삼겹살은 지구법정에 오르게 되었다.

삼겹살의 불포화 지방산은 황사에 섞여 날아오는 먼지와
중금속을 걸러 내는 역할을 합니다.

황사와 삼겹살은 어떤 관계가 있을까요?

지구법정에서 알아봅시다.

재판을 시작합니다. 콜록. 아, 죄송합니다. 이놈의 황사 때문에. 그럼, 원고 측 변론하세요.

지금 뚱띠 삼겹살은 말도 안 되는 허위 광고를 하여 소비자들을 우롱하고 있을 뿐만 아니라, 그로 인해 다른 고깃집들에게까지 피해를 주고 있습니다.

무슨 근거로 그런 말씀을 하시는 거지요?

근거라, 일단 옛 성현 말씀에, '고기는 고기일 뿐이다' 는 말이 있지요.

예? 고기는 고기일 뿐이라구요? 누가 그런 말을 했던가요?

있다면 있는 줄 아십시오. 고기는 고기일 뿐입니다. 돼지고기는 돼지고기, 소고기는 소고기일 뿐이지요. 그 이상도 그 이하도 아닙니다. 그런데 고기가 황사를 막을 수 있는 기능이 있다면, 그거야말로 세상에서 가장 놀라운 발견이지요. 그럼 누구나 다 고기를 먹으러 지금 당장 뛰어가야지요.

그럼 뛰어갑시다.

예?

우리 모두 다 같이 뛰어가자고요.

지금 그럼 어쓰 변호사는 삼겹살 안에 황사를 보호하는 기능이 있다고 믿는 겁니까?

그럼요. 당연하지요.

치, 대체 무슨 근거로요?

제가 삼겹살을 워낙 좋아해서 삼겹살에 대해서는 좀 잘 알지요.

어쩐지, 몸이 왜 그렇게 퉁퉁 불었는가 했더니, 그게 다 삼겹살 때문이었군요.

으흠…….

아, 말씀하시지요.

삼겹살에는 무엇이 많이 들어 있습니까?

돼지고기 기름이지요.

그렇지요. 돼지고기 기름에는 뭐가 많이 들어 있는지 아십니까?

황사 바람은 어디에서 불어오나요?

우리나라에 영향을 미치는 황사의 주요 발원지는 중국과 몽고의 사막 지대 및 황하 중류의 황토 지대입니다.

황사는 수천 년 전부터 계속되어 온 자연현상이지만 최근 들어 중국의 공업화로 인해 황사 바람의 오염이 심해지면서 그 심각성이 커지고 있습니다. 황사는 상해, 천진 등 중국 동부 연안 공업지대를 지나며 여기서 발생하는 카드뮴, 납, 알루미늄 등과 같은 미세 중금속 가루를 싣고 날아오기 때문에 우리 몸에 매우 위협적이라 할 수 있습니다. 일부 10㎛ 이하의 미세 황사와 거기에 섞인 유해 중금속의 입자 크기는 2㎛ 이하가 대부분이어서 호흡기관에서 걸러지지 않고 우리 몸에 그대로 쌓이게 됩니다.

기름 덩어리에 뭐가 많아 봤자 다 안 좋은 것들이지요, 뭐.

아닙니다. 돼지고기의 기름에는 불포화 지방이 많이 들어 있단 말입니다.

불포화 지방이 뭐요? 어찌되었든 지방 아니요?

지방에는 포화 지방과 불포화 지방이 있습니다. 포화 지방은 보통의 온도에서 고체 상태로 있는 기름으로 쇠기름, 버터 등에 많이 들어 있지요.

그럼 불포화 지방은요?

불포화 지방은 보통의 온도에서 액체 상태로 있는 기름입니다. 올리브 기름, 옥수수 기름, 땅콩 기름, 해바라기씨, 참치, 들깨 기름, 콩 등에 많이 들어 있지요.

그럼 불포화 지방은 몸에 좋다는 건가요?

불포화 지방은 폐에 쌓여 있는 공해 물질을 녹여 주고 핏속의 콜레스테롤 수치를 낮춰 줘 심장병을 막아 주는 효과가 있거

황사에 대처하는 우리들의 자세!

1. 미지근한 차와 물을 자주 마십니다.
2. 렌즈를 착용하는 사람들도 이때는 가능하면 안경이나 선글라스를 낍니다.
3. 장기간 외출 시 마스크를 착용합니다.
4. 외출 전에 크림을 발라 피부 보호막을 만듭니다.
5. 외출 시에는 긴소매 옷을 입고, 귀가 후 반드시 얼굴, 손, 발 등을 깨끗이 씻습니다.
6. 황사가 심할 때는 되도록 외출을 삼갑니다.

든요.

그런 기능이 있다구요?

물론입니다. 황사에 섞여 날아오는 먼지와 중금속을 걸러내는 데 삼겹살의 불포화 지방이 탁월한 효과가 있다 이 말입니다.

아하, 그럼 나도 오늘 당장 삼겹살을 먹으러 가야겠네.

그렇지요? 뚱띠 삼겹살에서는 삼겹살의 불포화 지방산의 기능을 잘 이해하고 그걸 장점으로 광고를 내세운 것입니다. 근거 없는 말이 아니란 말이지요.

판결합니다. 아니 판결에 자신이 없습니다. 삼겹살의 지방이 황사 때 좋다니! 너무나 신기한 일이라 놀랍습니다. 자! 변호사들, 우리 삼겹살이나 먹으러 갑시다.

콜드 감기 전문 병원

봄에는 왜 꽃샘추위가 올까요?

과학공화국에서는 최근 병원의 분업화가 본격적으로 이루어지기 시작했다. 예전에는 종합병원이 대세였다. 내과, 외과, 성형외과, 비뇨기과, 이비인후과 등 다양한 병원의 진료 과목을 한 병원에 모아 놓은 종합병원이 유행했으나, 이제는 각 과의 전문성을 주장하는 병원들이 인기를 끌고 있었다.

이 여세를 몰아 종합병원에서 내과 전문 의사를 맡고 있던 박추어 씨는 콜드 감기 전문 병원을 내기에 이르렀다.

'좋아. 이렇게 종합병원에서 진료를 하는 것보다, 내 분야인 감기

를 다루는 전문 병원을 내는 편이 훨씬 나을 거야.'

박추어 씨는 콜드 감기 전문 병원이라는 간판을 걸고서야 뿌듯해 하면서 크게 웃었다.

역시 그의 예상이 적중했다. 종합병원 내과에 있을 때보다 세 배는 많은 환자들이 콜드 병원을 찾기 시작했다. 게다가 감기 전문 병원이라는 이름이 붙어 있었기에, 감기만 걸렸다 하면 사람들은 다른 병원의 내과를 가기보다는 콜드 감기 전문 병원을 찾곤 했다.

콜록콜록 기침을 해대는 환자들이 가득하고, 병원 내는 온통 북적거렸다. 그에 따라서 박추어 씨가 예전보다 훨씬 바빠진 것은 말할 필요도 없었다.

"박추어 선생님, 겨울에는 감기 환자가 많아서 저녁 6시까지 진료를 하면, 모두 진료하기 어려울 것 같은데요. 겨울에만 진료 시간을 8시까지로 늘리는 건 어떨까요?"

"으흠. 그건 김 간호사 생각이오?"

"네, 아무래도 예약 환자들도 있고, 접수 환자들도 있고 하니 6시까지 진료를 마치기가 힘들 것 같아서요."

박추어 씨는 조금 고민을 하는가 하더니 흔쾌히 허락했다. 그렇지만 그는 겨울에만 진료 시간을 8시까지로 늘리겠다고 자신의 의사를 밝혔다. 아침 9시부터 저녁 8시까지 진료를 한다는 게 만만한 일은 아니었기 때문이다.

그리하여 저녁 8시까지 콜드 감기 전문 병원의 불은 꺼질 줄을 몰랐다.

그렇게 겨울이 가고 어느덧 3월이 되었다.

"김 간호사, 그럼 이제 3월부터는 진료 시간을 원래대로 저녁 6시로 옮긴다고 좀 전해 줘요."

"네, 어차피 겨울도 끝나가 감기 환자도 없을 테니 진료 시간을 6시까지로 당길게요."

그러나 3월이 되어 진료 시간을 다시 6시로 당기자, 많은 감기 환자들이 불편을 호소하고 나섰다.

"아니, 의사 선상님. 와 벌써 진료를 끝내는교? 쪼금만 더 봐주이소. 이렇게 환자들이 많은데 당연히 연장, 그 뭐라 카드라? 그래, 연장 진료를 해야지예."

그렇지만 박추어 씨는 아무리 생각해도 감기 환자도 적은 3, 4월에 연장 진료를 해야 하는 이유를 받아들일 수가 없었다.

곳곳에서 불평이 쏟아지긴 했지만, 박추어 씨는 거기에 굴하지 않았다. 그러나 감기 환자들 역시 쉽게 물러나지 않았다. 환자들이 콜드 감기 전문 병원의 연장 진료를 주장하며, 지구법정에 병원 연장 진료는 당연한 것이라는 청원서를 낸 것이다. 결국 지구법정에서 콜드 감기 전문 병원 연장 진료의 시시비비를 가리게 되었다.

꽃샘추위는 봄에 한랭 건조한 시베리아 기단이
세력을 회복하고, 북서 계절풍이 불어오면서 매서운 추위가
나타나는 자연 현상을 뜻합니다.

왜 봄에는 꽃샘추위가 올까요?

지구법정에서 알아봅시다.

으흠. 별 희한한 재판을 다하는군요. 어쨌든, 재판을 시작합니다. 콜드 병원 측 변론하세요.

판사님, 저도 의아합니다. 병원 진료 시간은 병원에서 정하는 것이 당연한 것 아닙니까? 이런 것까지 일일이 법정에 올라온다면, 의사들이 피곤해서 병원을 차리려고 하겠습니까?

그래도 다들 병원은 차리고 싶어 하던데요.

그거야, 당연히. 아니, 지금 어쓰 변호사 무슨 말씀을 하시는 겁니까?

그냥 제 의견을 말했을 뿐.

으이그. 내가 못살아. 어쓰 변호사는 여하튼! 솔직히 환자들이 콜드 병원의 연장 진료를 요구하는 심정은 잘 알겠습니다. 그러나 겨울도 아니고, 감기 환자도 별로 없을 봄에까지 연장 진료를 하라고 주장하는 것은 너무나 이기적인 생각 아닙니까?

아니, 왜 봄에 감기 환자가 별로 없습니까?

당연하지요. 겨울에는 추우니까 감기 환자가 많을 수밖에 없지만, 따뜻한 봄에 누가 감기에 걸린단 말입니까?

으흠. 만약 봄에 감기에 걸리는 사람이 겨울보다 많다면, 콜드 병원 측에서 연장 진료를 받아들일 건가요?

두말하면 잔소리죠. 하지만 그럴 리가 없지 않소.

판사님, 그럼 증인 요청하겠습니다. 의사 전문 협의회, 내과 전문 회장이신 도도한 씨를 증인으로 요청합니다.

50대도 훨씬 넘어 보이는 도도한 씨가 아무렇지 않게 증인석에 털썩 앉았다.

도도한 회장님, 내과 의사 경력이 얼마나 되시지요?

한 25년 정도 되었지요.

그럼 감기 환자들을 다루신 적도 꽤나 많으시겠군요.

당연하지요.

제가 몇 가지 궁금한 것이 있습니다. 그럼 겨울에 감기 환자가 제일 많을 텐데.

예에? 감기 환자가 겨울에 제일 많다구요?

아…… 그게 아닌가요?

일 년 중 감기 환자는 3, 4월에 제일 많지요.

예? 겨울이 아니라 봄에 제일 많다구요? 아니, 그건 대체 왜 그런 거죠?

봄은 아직 우리 몸이 추위에 대비가 안 되어 있는 상태라고 볼

'꽃샘추위'는 왜 이름이 꽃샘추위인가요?

꽃샘추위는 이른 봄에 꽃이 피는 것을 샘내는 것처럼 매서운 추위라 하여 붙여진 이름입니다.

수 있습니다. 옷은 얇아지지만 밤과 새벽으로 쌀쌀해지고, 게다가 꽃샘추위까지 있으니 감기에 걸릴 가능성이 훨씬 높아지는 거지요.

으흠. 꽃샘추위라…… 죄송한데, 그게 뭐지요?

3, 4월에는 차가운 대륙 고기압이 크게 발달한답니다. 그럼 그 고기압이 과학공화국의 중부(북위 38도) 쪽으로 세력을 확장하면서 2~3일 동안 강추위가 계속되는 것이지요. 이걸 바로 꽃샘추위라고 하지요. 근데 변호사가 이런 것도 모르시다니, 참.

아니, 그게 아니라…… 그러니까 봄인데도 한겨울 추위처럼 춥다 해서 꽃샘추위지요?

음, 뭐. 그렇게 볼 수도 있지요. 게다가 봄에는 지표 부근의 위쪽과 기온차가 더욱 크지요. 그럼 대류가 불안정해서 바람이 강하게 불어 체감온도는 더욱 낮아질 수밖에 없지요.

아하. 그렇군요. 판사님, 어떻습니까? 겨울보다는 봄에 감기 환자가 더 많으니 콜드 감기 전문 병원에서 봄에도 연장 진료를 해야 하지 않을까요?

당근이죠. 연장해야죠. 나도 봄만 되면 감기에 자주 걸려 고생하는데 나 자신을 위해서라도 그래야죠. 그럼 꽃샘추위가 끝날 때까지 병원 연장을 의무화하는 걸로 결정하겠습니다.

자동차 공장과 안개

스모그 현상은 어떻게 생기나요?

과학공화국의 시몬스 마을은 무척이나 작고 평화로운 마을이다. 조용하고 평화로운 마을 하면 누구나 시몬스 마을을 떠올릴 정도였으니, 굳이 설명하지 않아도 짐작할 수 있을 것이다. 과학자 연구진 씨는 오늘도 학회에서 모임을 마치고 지친 몸으로 집에 들어섰다.

"여보, 우리도 그냥 다 버리고 훌쩍 이사 가 버릴까?"

"왜 이렇게 지쳐 보여요? 무슨 일 있었어요?"

"그냥 학회에서 서로 말도 안 되는 이론을 내세우며 싸우는 것도 지치고, 이제는 좀 여유롭고 평화롭게 지내고 싶어서."

연구진 씨는 요즘 들어 자꾸 드는 평화로운 삶에 대한 갈망이 가시질 않았다. 자신은 그저 조금 쉬고 싶을 뿐인데, 북적대고 시끄러운 이 도시에서는 좀체 그럴 기분이 나지 않았다.

"여보, 우리 그냥 시몬스 마을에서 사람들이랑 어울리며 평화롭게 농사나 지으며 살까?"

연구진 씨의 지쳐 보이는 표정에서 아내는 남편의 간절함을 느낄 수 있었다.

"그래요. 평화롭고 공기도 좋은 시몬스 마을에 살면 저도 좋을 것 같아요."

그렇게 갑작스레 연구진 씨는 돌연 이사를 하게 되었다. 다들 의아해했지만, 그의 표정은 누구보다 밝고 행복해 보였다.

그런데 연구진 씨가 이사를 온 지 한 달쯤 지났을 때였다.

작고 평화로운 시몬스 마을에 무언가 심상찮은 기운이 감돌기 시작했다.

"여보, 이야기 들었어? 맙소사! 시몬스 마을에 자동차 공장이 생긴대."

"정말요? 조용하고 공기도 좋고 평화로운 이곳이 좋아서 여기까지 이사 온 건데. 아고."

연구진 씨와 그의 아내는 마음이 무거워졌다. 다른 이웃 주민들은 자동차 공장이 생겨도 시몬스 마을은 여전할 텐데 뭘 걱정하냐고 웃어 댔지만, 연구진 씨 부부는 자동차 공장이 생기면 분명 시몬스 마을이 변화할 거라는 걸 알고 있었다.

자동차 공장이 생기고, 마냥 평화로울 것만 같던 시몬스 마을에서도 점점 자동차 경적 소리가 하나둘씩 들리기 시작했다. 시몬스 마을 주민에게는 자동차를 반값으로 판매하는 바람에 마을 주민들은 너도나도 자동차를 샀다. 그러고는 여기저기 마을 구석구석을 몰고 다녔다. 순식간에 길바닥은 자동차들의 주차장처럼 되어 버렸다.

"내가 이렇게 될 줄 알았어. 이렇게 시끄럽고 어지러워질 걸 염려했던 거였는데……."

연구진 씨는 마음이 무척 무거웠다. 그러나 다들 아직까지도 자동차 공장이 시몬스 마을에 얼마나 큰 영향을 미칠지 모르는 것 같았다.

하루 이틀이 지나고, 이제 공장에서는 굴뚝을 통해 연기를 몰래몰래 밖으로 배출하기 시작했다. 게다가 부쩍 늘어난 자동차 매연까지 더해져서, 이제 시몬스 마을의 평화롭고 깨끗한 이미지는 온데간데없어졌다.

그저 하늘은 어둡고, 황갈색의 뿌연 연기만 가득할 뿐이었다. 처음에는 다들 '오늘만 그렇겠지' 생각하는 것 같았으나 황갈색의 뿌연 연기는 점차 심해져만 갔다.

"휴. 이제 스모그 현상까지 나타나는구나."

연구진 씨의 마음은 마냥 착잡했다. 하지만 그때까지도 마을 사람들은 이 일의 심각성을 깨닫지 못했다. 그러던 중 시몬스 마을의 최고령자인 약쇠 할아버지가 숨을 쉬는 것조차 힘들어하기 시작했다.

"약쇠 할아버지, 왜 그러세요?"

"아니, 그게 아니라, 콜록콜록. 숨 쉬는 게 와 이리 힘드누. 힘드누."

처음에는 약쇠 할아버지에게서만 나타나던 증상이 점점 마을 사람들 전반으로 퍼져 갔다.

"아니, 연구진 씨. 이 모든 일이 자동차 공장이 생기고 나서 일어나고 있는 거지요?"

"그러게. 제가 자동차 공장이 생기면 심각한 일이 벌어질 거라고 하지 않았습니까."

"아이고. 할아버지들 건강이 일제히 나빠지고 있어요. 대체 어찌해야 할지 모르겠습니다."

"일단은, 나쁜 연기가 나오는 모든 구멍을 차단하는 것이 급선무입니다."

"그럼 자동차 공장 굴뚝도, 자동차 배기가스 통도, 그럼…… 제 똥구멍도 막아야 하는 겁니까?"

"흐흐흐. 아니 똥구멍은 괜찮습니다. 제가 봤을 때 이번 일의 모든 책임은 자동차 공장 때문이라고 생각되는군요."

마을 사람들은 연구진 씨의 말에 힘입어, 더욱 흥분을 하기 시작했다. 분명 이 모든 일이 자동차 공장이 세워지고 나서부터 시작되었다는 것을 다시금 깨닫자, 가만있을 수가 없었다.

화가 난 시몬스 마을 사람들은 자동차 공장을 상대로 소송을 하기에 이르렀다.

스모그(Smog)란 연기(Smoke)와 안개(Fog)의 합성어로 공장이나 자동차, 가정의 굴뚝에서 나오는 오염 물질이 안개와 섞여 있는 상태를 말합니다.

여기는 지구법정

자동차와 스모그는 어떤 관계가 있을까요?

지구법정에서 알아봅시다.

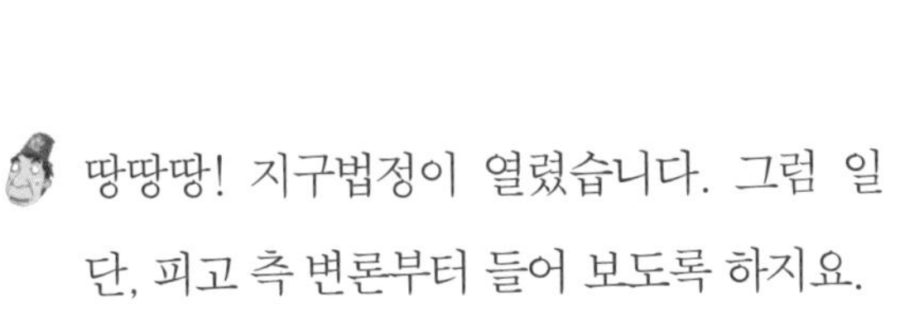

땅땅땅! 지구법정이 열렸습니다. 그럼 일단, 피고 측 변론부터 들어 보도록 하지요.

판사님, 우리 불쌍한 자동차 공장을 구제해 주십시오.

오호. 이건 또 무슨 일이란 말입니까?

아무 잘못 없는 자동차 공장이 지금, 마을의 노인들이 숨쉬기 힘들어 한다는 말도 안 되는 명목으로 여기 이 자리에 선 겁니다. 어서 빨리 자동차를 만들어 팔아도 시원찮을 판에 말도 안 되는 누명을 쓰고 이 자리에 있으니 자동차 공장 측의 기분이 어떻겠습니까?

지금 말도 안 되는 누명이라 하였소? 그럼 평소에는 숨을 잘만 쉬시던 할아버지들이 갑자기 숨쉬기를 힘들어하고 헉헉대는데 그게 자동차 공장이랑 아무 관련이 없다 이 말이오.

이런 식입니다. 그게 어떻게 자동차 공장 때문이란 말입니까? 원래 나이가 들면 숨쉬기가 힘들고, 사는 게 벅차고 그런 겁니다.

정말. 나 참. 지치 변호사. 뭘 알고 떠드시란 말입니다.

지금 인신공격하시는 겁니까?

아니, 그게 아니라…….

어쓰 변호사, 나중에 발언권이 가면 그때 말하십시오.

아, 죄송합니다.

판사님, 시몬스 마을에 공장을 세우기 위해서 자동차 공장 측에서도 많은 배려를 했습니다. 시몬스 마을 주민들에게는 자동차도 반값으로 주지 않았습니까? 그런데 이제 와서 자동차 공장을 그만두라니요. 아무 이유도 없이 말입니다. 말도 안 되는 일이라고 생각합니다.

음. 잘 알겠습니다. 어쓰 변호사가 아까부터 할 말이 많은 것처럼 보이던데, 이제 변론해 보시지요.

판사님, 자동차 공장이 생긴 이후로 공장의 매연, 자동차에서 나오는 배기가스들 때문에 시몬스 마을의 아침 공기는 황갈색이 되었습니다. 자동차 경적 소리로 마을이 시끄러워지고, 혼란스러워졌을 뿐만 아니라, 마을 전체의 공기가 나빠진 것입니다. 이건 엄연한 잘못이 아닙니까?

으흠.

그래서, 저는 시몬스 마을 주민이자 과학자인 연구진 씨를 증인으로 요청하는 바입니다.

연구진 씨는 쭈빗쭈빗 걸어 나왔다. 아직은 법정의 이런 분

위기에 적응하지 못한 듯 보였다.

연구진 씨, 제가 듣기로는 시몬스 마을에 자동차 공장이 생긴다는 소문을 처음 들었을 때부터 계속 반대해 왔다고 들었는데요.

예, 저는 조용하고, 평화롭고, 공기 좋은 이 마을 그 자체가 좋아서 모든 걸 버리고 이사를 온 사람이니까요.

그럼 자동차 공장이 생기면 그게 파괴된다 이 말이십니까?

예, 아시다시피 매일 아침 상쾌하고 맑은 공기를 마실 수 있는 곳이 바로 이곳 시몬스였습니다. 그런데 이제 스모그 현상까지 나타나니…….

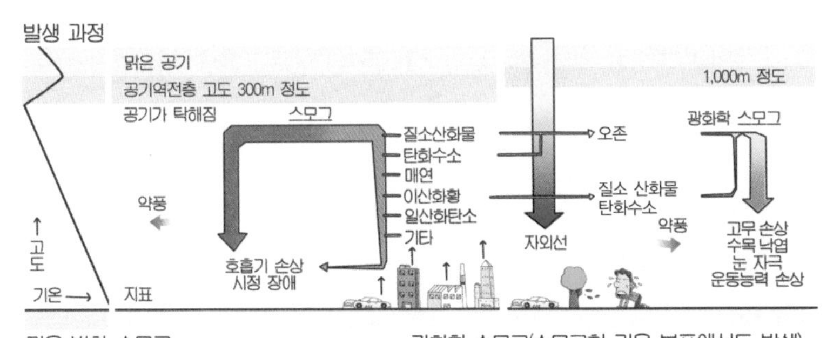

 스모그 현상이라니요?

아, 스모그란 스모크(연기)와 포그(안개)가 합쳐진 단어입니다.

아침에 대류가 일어나지 않아 자동차 공장과 자동차에서 나오는 오염 물질들이 지표 근처에 자꾸만 머무르겠지요. 이 오염 물질에 대기 중의 수증기가 응결한다 이거지요. 바로 이게 스모그지요.

으흠. 그럼 스모그가 몸에 나쁘기라도 합니까?

당연한 말씀을요. 보통 안개랑 달리 해가 떠도 잘 없어지지 않지요.

뭐, 없어지지 않는 거야 그럴 수도 있고.

무엇보다 눈을 아프게 하고, 호흡기 질환을 일으킨단 말입니다.

맙소사. 그럼 시몬스 마을의 노인 분들이 숨을 쉬기 힘들어한 것은 다 스모그 현상 때문이었겠군요?

그렇지요. 원래 시몬스 마을에서는 상상조차 할 수 없었던 일이라고 볼 수 있지요.

좋은 말씀 감사합니다.

살인적인 런던 스모그 사건

런던은 안개의 도시라고 할 만큼 항상 짙은 안개에 쌓여 있는 도시입니다. 런던의 대기오염은 주로 공장의 배출 가스나 일반 가정의 난방으로 인한 매연이 주요 원인으로, 대기에 항상 짙게 깔려 있는 안개와 결합되어 처참한 스모그 현상이 일어났던 것입니다.

그중 '살인적 스모그'라는 말이 나올 만큼 많은 인명을 빼앗아간 사건은 1952년 12월 5일부터 9일간 지속된 스모그 현상입니다. 이 사건으로 노인, 어린이, 환자 등을 비롯한 4000여 명이 급성호흡기 질환으로 사망하였고, 다음 해 1953년 2월까지는 8000여 명으로 사망자가 늘어났으며 런던 스모그 사건의 전 기간에 걸쳐 사망한 사람이 모두 1만 2,000여 명에 달합니다.

뭘요. 우리 마을을 위한 일인걸요.

판사님, 어떻습니까? 이래도 자동차 공장과 노인 분들이 숨을 쉬기 힘들어한 것이 관련이 없다고 생각하십니까?

관련이 있다고 생각합니다. 하지만 자동차 공장이 자동차를 만들지 않을 수도 없고…… 어쩌지요? 그래. 좋은 생각이 났어. 앞으로 자동차 공장에서는 오염물질이 배출되지 않는 장치를 설치하고 제조된 자동차는 마을 외곽 도로를 이용하여 빠져나가게 하도록 판결하겠습니다.

과학성적 끌어올리기

지구의 온도가 일정한 이유

지구의 나이는 45억 살입니다. 그럼 45억 년 동안 태양 빛을 받아 왔으니까 지금은 엄청 뜨거워져서 사람이 살 수 없을 것 같은데, 그렇지 않은 이유는 뭘까요?

태양이 뜨거워져서 나오는 빛이 지구로 전달되는 것이 복사이니까, 태양에서 나오는 빛에너지를 태양의 복사에너지라고 부릅니다. 뜨거워진 물체는 자신의 온도에 해당하는 복사에너지를 방출하는데 온도가 높으면 큰 복사에너지, 온도가 낮으면 작은 복사에너지를 냅니다.

그렇지만 태양의 복사에너지가 모두 지구로 들어오는 건 아닙니다. 태양에서 지구로 오는 복사에너지를 100이라고 한다면, 그중 30은 대기권에서 반사되고 70만 지구로 들어올 뿐입니다.

그 정도만 들어와도 지구는 엄청 뜨거워지지 않을까요? 70의 복사에너지가 모두 지구에 흡수된다면 그럴 것입니다. 그렇지만 다음과 같은 예를 들어 생각해보면 그렇게 되지 않는 이유를 알 수 있습니다. 아주 뜨거운 난로가 있다고 가정해 봅시다. 난로 근처에 앉아 있으면 몸도 뜨거워질 것입니다. 물론 난로의 복사에너지를 받았기 때문이죠. 하지만 뜨거워진 몸에서도 눈에 보이지는 않지만 적외선

과학성적 끌어올리기

같은 빛이 나옵니다. 그건 바로 뜨거워진 사람의 몸에서 나오는 복사에너지입니다.

즉 태양의 복사에너지를 받은 지구도 뜨거워져서 복사에너지를 방출합니다. 좀 더 정확하게 말하면 대기권으로 들어온 70의 에너지 중 20은 성층권에 있는 오존층에서 흡수합니다. 오존이 태양에서 오는 자외선을 좋아하기 때문이죠. 그럼 남은 50이 지표로 들어오는데 그것이 육지와 바다를 뜨겁게 만듭니다. 그렇지만 뜨거워진 육지와 바다에서도 복사에너지를 방출하는데, 일부는 대기권을 뚫고 우주로 나가지만 대부분은 대기에 있는 수증기나 이산화탄소가 흡수하죠. 뜨거워진 대기는 다시 복사에너지를 땅이나 우주로 방출하기 때문에 땅과 대기가 서로 열을 주고받아 대기와 땅의 온도가

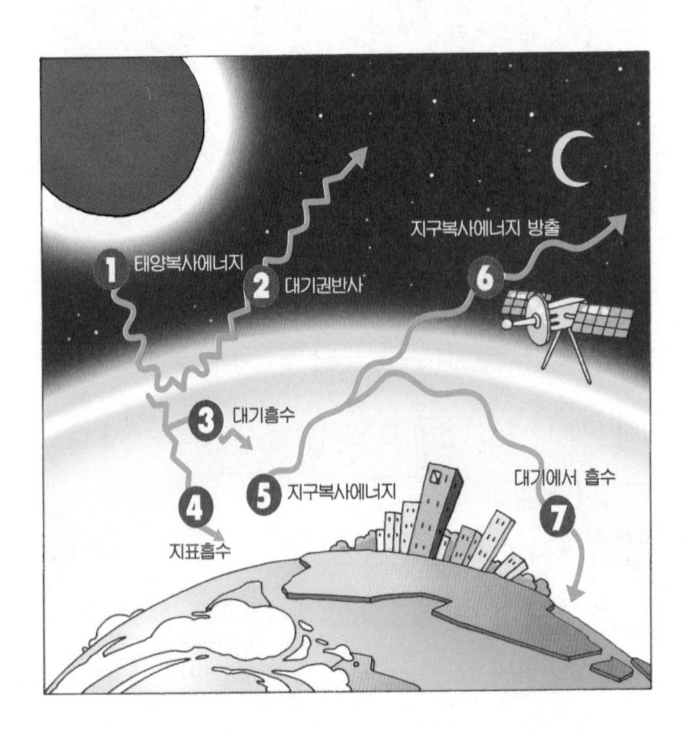

거의 일정하게 유지됩니다. 그러므로 전체적으로는 태양에서 받은 복사에너지가 결국 다시 우주로 방출되는 셈이므로, 지구의 온도는 거의 일정하게 유지되는 것입니다.

가열된 지표의 복사 중 대부분이 대기 속 수증기와 이산화탄소에 흡수되어 지표의 열이 우주로 빠져나가는 것을 막아 줍니다. 추울 때 입는 두꺼운 옷이 몸의 열이 밖으로 빨리 빠져나가는 걸 막아 주는 것과 같은 이치죠. 만일 지구에 대기라는 옷이 없다면 지구는 낮에는 무지무지 뜨거워지고 밤에는 무지무지 차가워질 것입니다.

그럼 최근에 지구가 점점 뜨거워진다는데 그건 무슨 뜻일까요? 문명의 발전으로 석유를 이용하여 자동차를 달리게 하거나 공장을 가동하거나 하면서 점점 이산화탄소가 많이 발생하는데, 대기 속에 늘어난 이산화탄소가 그만큼 더 많은 열을 흡수하여 지구가 뜨거워지는 것입니다. 그래서 점점 지구의 온도가 올라가는데, 이것을 온실효과라고 부른답니다.

과학성적 끌어올리기

왜 적도는 덥고 극지방은 추울까?

적도 지방에서는 태양이 머리 위에 떠 있습니다. 즉 태양의 고도가 높죠. 그렇지만 극지방으로 올라갈수록 태양이 비스듬히 비추게

되니까 태양의 고도가 낮아집니다. 태양의 고도가 높으면 같은 면적에 들어오는 복사에너지가 더 크기 때문에 적도 지방이 극지방보다 더운 것이죠. 적도 쪽이나 극지방이나 들어오는 태양의 복사에너지는 같은데, 극지방에는 비스듬히 들어오니까 같은 면적의 지표

면이 받는 복사에너지의 양이 작아지는 것입니다.

그렇지만 지표의 복사가 있으니까 마찬가지 아닐까요? 그렇지 않습니다. 적도 지방은 들어온 태양 복사에너지에 비해 지표가 방출하는 복사에너지가 작습니다. 즉 많이 받고 적게 방출하니까 뜨거워지는 것이죠. 반대로 극지방은 들어온 태양 복사에너지보다 지표가 방출하는 복사에너지가 크므로 적게 받고 많이 방출하는 것입니다.

계속 이런 식으로 복사에너지의 교환이 이루어지면 극지방은 점점 차가워지고 적도 지방은 점점 뜨거워져 그 차이가 점점 커지지 않을까요? 다행히 그렇지는 않습니다. 열이 움직이기 때문이죠. 뜨거운 적도 지방의 열이 극지방 쪽으로 옮겨간다는 얘기입니다. 적도 지방의 뜨거운 대기나 바닷물이 위로 이동해서 위쪽의 차가운 대기나 바닷물에 열을 공급하여 적도나 극지방이나 연평균 기온은 거의 일정하게 유지됩니다.

에필로그

지구과학과 친해지세요

이 책을 쓰면서 좀 고민이 되었습니다. 과연 누구를 위해 이 책을 쓸 것인지 난감했거든요. 처음에는 대학생과 성인을 대상으로 쓰려고 했습니다. 그러다 생각을 바꾸었습니다. 지구과학과 관련된 생활 속 사건이 초등학생과 중학생에게도 흥미 있을 거라는 생각에서였지요.

초등학생과 중학생은 앞으로 우리나라가 21세기 선진국으로 발전하기 위해 필요한 과학 꿈나무들입니다. 우리가 살고 있는 지구는 기후 온난화 문제, 소행성 문제, 오존층 문제 등 많은 문제를 지니고 있습니다. 하지만 지금의 지구과학 교육은 논리보다는 단순히 기계적으로 공식을 외워 문제를 푸는 데 치중하고 있습니다. 과연 우리나라에서 베게너 같은 위대한 지구과학자가 나올 수 있을까 하는 의문이 들 정도로 심각한 상황에 놓여 있습니다.

저는 부족하지만 생활 속 지구과학을 학생 여러분들의 눈높이에 맞추고 싶었습니다. 지구과학은 먼 곳에 있는 것이 아니라 우리 주변에 있다는 것을 알리고 싶었습니다. 지구과학 공부는 우리 주변을 관찰하는 일에서 시작됩니다. 올바른 관찰은 지구의 문제를 정확하게 해결할 수 있도록 도와줄 수 있기 때문입니다.